电工电子技术与电力通信技术应用

谢杨春　李亚妮　马丽丽　著

中国原子能出版社

图书在版编目（CIP）数据

电工电子技术与电力通信技术应用 / 谢杨春，李亚妮，马丽丽著. -- 北京 ：中国原子能出版社，2024.12. -- ISBN 978-7-5221-3752-0

Ⅰ. TM；TN

中国国家版本馆 CIP 数据核字第 2024NQ2288 号

电工电子技术与电力通信技术应用

出版发行	中国原子能出版社（北京市海淀区阜成路 43 号　　100048）	
责任编辑	张　磊	
责任印制	赵　明	
印　　刷	北京厚诚则铭印刷科技有限公司	
经　　销	全国新华书店	
开　　本	787 mm×1092 mm　1/16	
印　　张	18.75	
字　　数	280 千字	
版　　次	2024 年 12 月第 1 版　2024 年 12 月第 1 次印刷	
书　　号	ISBN 978-7-5221-3752-0	**定　价　89.00 元**

前　言

电工电子技术作为现代科技的基石，涵盖了电路原理、电机学、电子器件等丰富的内容。从早期简单的电路设计到如今复杂的集成电路，从传统的电力传输到新型的电力变换技术，电工电子技术一直处于不断创新和突破的过程中，它为各类电气设备的研发和运行提供了坚实的理论和技术支撑，无论是家用电器，还是工业生产中的大型机械，都离不开电工电子技术的应用。电工电子技术的发展使得电气设备的性能不断提升、体积不断缩小、功耗不断降低，从而极大地提高了生产效率和产品质量。

电力通信技术的崛起为电力系统注入了新的活力。电力通信技术将通信技术与电力系统深度融合，实现了电力信息的快速、准确传输。通过光纤通信、无线通信等多种手段，电力系统中的监测数据、控制指令能够在不同的设备和节点之间迅速传递。这不仅保障了电力系统的安全稳定运行，还为电力系统的智能化管理提供了可能。

电工电子技术与电力通信技术宛如两颗璀璨的明珠，在现代工业、能源、通信等领域发挥着至关重要的作用。它们相互交织、协同发展，推动着人类

1

社会朝着更加智能化、高效化的方向迈进。

为确保本书的准确性和严谨性，笔者在撰写本书的过程中参阅了大量文献和专著，在此向其作者表示感谢。由于笔者学识有限，书中难免存在错误和疏漏之处，恳请广大读者批评指正。

目　录

第一章　电工基础知识

第一节　电能与电源

一、电能

（一）电能的产生

电能是大自然能量循环中的一种转换形式。

能源被视为大自然为人类提供的生存和社会进步的关键物质资源，而自然界中固有的初级能源被称作一次能源，它可以被分为可再生和不可再生两种类型。初级能源包括煤炭、石油、天然气，还有太阳能、风能、水能、地热能、海洋能和生物能等多种形式。在自然界中，太阳能、风能、水能、地热能、海洋能和生物能等都可以持续地得到补充，或者在一个相对较短的时间周期内重新生成，这些都是可再生能源；像煤炭、石油、天然气和核能这样的能源需要亿万年的时间才能形成，并且在短时间内是不可再生的，因此被归类为不可再生能源。

电能属于二次能源类别，它主要来源于不可再生的初级能源的转换或处理。化石能源燃烧是其主要的能量转换路径，也就是将化学能转换为热能；通过加热水将其转化为蒸汽，进而驱动汽轮机工作，这样可以将热能转换为机械能；最终，汽轮机驱动发电机采用电磁感应技术，将机械能转换为电能。

电能因其清洁、安全、可快速高效传输、方便分配和精确控制等特点，已经成为人类文明历史上品质最高的能源。它不仅可以轻松地与其他类型的能量（例如机械能、热能、光能等）进行转换，还具有易于控制和转换的特性，这使得它非常适合大规模生产、远程传输和分配。同时，它也是信息的主要载体，在现代人类的生产、生活和科研活动中起到了不可或缺的作用。

（二）电能的特点

相较于其他类型的能源，电能展现出以下几个显著特性。

（1）电能的生成与应用都相当便捷。电力可以通过大规模的工业生产方式集中获取，并且将其他能源转化为电能的技术已经相对成熟。

（2）电能具有长距离传输的能力，并且损耗相对较低，因此在传输过程中表现出实时性、便捷性和高效性等优点。

（3）电能可以轻松地转换为其他形式的能量，适用于各种信号的产生、传输和信息处理，实现自动化控制。

（4）电能的生成、传递和应用过程已经实现了精准且可信赖的自动化信息管理。在电力系统中，各个环节的自动化水平也相对较高。

（三）电能的应用

电能在多个领域都有着广泛的应用，包括工业、农业、交通运输、国防建设、科学研究以及日常生活的各个方面。电力的生产和应用规模已经成为衡量社会经济进步的关键指标。电能主要被用于以下几个领域。

（1）将电能转化为机械能，使其成为机械设备工作的主要动力来源。

（2）将电能转化为光和热，例如通过电气设备进行照明。

（3）在化学工业和轻工业中，电化学行业，例如电焊和电镀，在其生产流程中会消耗大量电力。

（4）随着家用电器的广泛普及和办公设备的电气化、信息化等技术的发展，各种电子产品已经深入到我们的日常生活中，这也导致了信息化产业的快速增长和电力使用量的急剧上升。

二、电源

电源是电路的源泉，它为电路提供电能。现在应用的电源有各种干电池、太阳能电源、风力发电电源、火力发电电源、水力发电电源、核能发电电源等。

（一）直流电源

直流电源是电压和电流的大小和方向不随时间变化的电源，是维持电路中形成稳恒电流的装置。常见的直流电源有干电池、蓄电池、直流发电机等。

为了更直观地描述直流电源的特性，可以用一种由理想电路元件组成的电路模型来表示实际情况。常用的理想电路元件有电压源和电流源两种。

1. 电压源

电压源是一种理想的电路元件，其两端的电压总能保持定值或一定的时间函数，且电压值与流过它的电流无关。电压源的图形符号如图 1-1 所示。

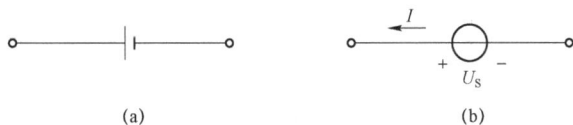

(a)   (b)

图 1-1 电压源的图形符号

（a）直流电源；（b）理想电压源

电源两端的电压由电源本身决定，与外电路无关；且与流经它的电流方向、大小无关。通过电压源的电流由电源及外电路共同决定，其伏安特性曲线如图 1-2 所示。

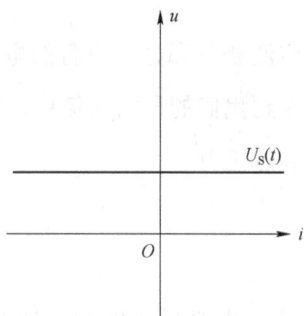

图 1-2　电压源的伏安特性曲线

2. 电流源

电流源是另一种理想的电路元件，不管外部电路如何，其输出的电流总能保持定值或一定的时间函数，其值与它两端的电压无关。电流源的图形符号如图 1-3 所示。

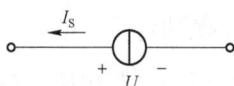

图 1-3　电流源的图形符号

电流源的输出电流由电源本身决定，与外电路无关；且与它两端电压无关。电流源两端的电压由其本身的输出电流及外部电路共同决定，其伏安特性曲线如图 1-4 所示。

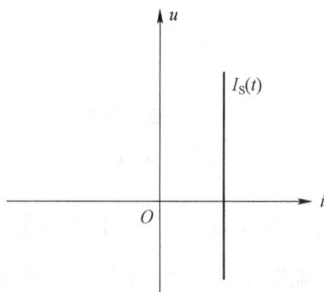

图 1-4　电流源的伏安特性曲线

（二）交流电源

日常生产生活中的用电多为交流电，这种交流电一般指的是正弦交流电。

正弦信号是一种基本信号，任何复杂的周期信号都可以分解为按正弦规律变化的分量。因此，对正弦交流电的分析研究具有重要的理论价值和实际意义。

正弦交流电量是电流、电压随时间按正弦规律做周期性变化的电量。它是由交流发电机或正弦信号发生器产生的。

以电流为例，其瞬时值表达式为：

$$i(t) = I_m \cos(\omega t + \varphi)$$

式中，I_m 为正弦量的振幅，是正弦量在整个振荡过程中达到的最大值；$(\omega t + \varphi)$ 为随时间变化的角度，称为正弦量的相位或相角；ω 为正弦量的角频率，表示正弦量的相位随时间变化的角速度；ϕ 为正弦量在 $t = 0$ 时刻的相位，称为正弦量的初相位。

幅值 I_m、角频率 ω 和初相位 ϕ 称为正弦量的三要素。对于任意正弦交流电量，当其幅值 I_m、角频率 ω 和初相位 ϕ 确定后，该正弦量就能完全确定。

1. 幅值

幅值（也叫振幅、最大值）是反映正弦量变化过程中所能达到的最大幅度。

正弦量在任一瞬间的值称为瞬时值，用小写字母来表示，如 i、u、e 分别表示电流、电压及电动势的瞬时值。瞬时值中最大的值称为幅值或最大值，用 I_m、U_m、E_m 表示。

2. 周期与频率

（1）周期

正弦量变化一次所需的时间称为周期 T，单位为 s（秒）。

（2）频率

每秒内变化的次数称为频率 f，单位为 Hz（赫兹）。频率是周期的倒数，即：

$$f = \frac{1}{T}$$

在我国和大多数国家，电网频率都采用交流 50 Hz 作为供电频率，有些国家如美国、日本等供电频率为 60 Hz。在其他不同领域使用的频率也不同，如表 1-1 所示。

表 1-1　不同领域使用的频率

领域	使用频率
高频炉	200～300 kHz
中频炉	500～8 000 Hz
高速电动机电源	1 500～2 000 kHz
收音机中波段	530～1 600 kHz
收音机短波段	2.3～23 MHz
移动通信	900 MHz、1 800 MHz
无线通信	300 GHz

（3）角频率

角频率 ω 为相位变化的速度，反映正弦量变化的快慢，单位为 rad/s（弧度/秒）。它与周期和频率的关系为：

$$\omega = \frac{2\pi}{T} = 2\pi f$$

3. 初相位

（1）相位

相位是反映正弦量变化进程的物理量。

（2）初相位

初相位 ϕ 是表示正弦量在 $t = 0$ 时的相角。

（3）相位差

相位差是用来描述电路中两个同频正弦量之间相位关系的量。设

$$u(t) = U_m \cos(\omega_t + \varphi_u),\ i(t) = I_m \cos(\omega_t + \varphi_i)$$

则相位差为：

$$\phi = (\omega_t + \varphi_u) - (\omega_t + \varphi_i) = \varphi_u - \varphi_i$$

式中，同频正弦量之间的相位差等于初相之差，如果 $\phi > 0$，称 u 超前 i，或 i 滞后 u，表明 u 比 i 先达到最大值；如果 $\phi < 0$，称 i 超前 u，或 u 滞后 i，表明 i 比 u 先达到最大值；如果 $\phi = 0$，则称 i 与 u 同相。

4. 有效值

正弦电流、电压和电动势的大小，往往不是用它们的幅值而是用有效值来度量的。

与交流热效应相等的直流值被定义为交流电的有效值。有效值是从电流的热效应来规定的。周期性电流、电压的瞬时值随时间而变化，为了衡量其平均效应，工程上常采用有效值来表示。

图 1-5　电流、电压的物理意义
（a）直流；（b）交流

周期电流、电压有效值的物理意义如图 1-5 所示，通过比较直流电流 I 和交流电流 i 在相同时间 T 内流经同一电阻 R 产生的热效应，即令：

$$\int_0^T Ri^2(t)\mathrm{d}t = RI^2T$$

从中获得周期电流和与之相等的直流电流 I 之间的关系为：

$$I = \sqrt{\frac{1}{T}\int_0^T i^2(t)\mathrm{d}t}$$

式中，直流量 I 称为周期量的有效值。需要注意的是，上式只适用于周期变化的量，不适用于非周期变化的量。

当周期电流为正弦量时，$i(t) = I_m \cos(\omega_t + \varphi_i)$，则相应的有效值为：

$$I = \sqrt{\frac{1}{T} \int_0^T I_m^2 \cos^2(\omega t + \psi) \mathrm{d}t}$$

因为：

$$\int_0^T \cos^2(\omega t + \psi) \mathrm{d}t = \int_0^T \frac{1 + \cos 2(\omega t + \psi)}{2} \mathrm{d}t = \frac{1}{2} t \Big|_0^T = \frac{1}{2} T$$

所以：

$$I = \sqrt{\frac{1}{T} I_m^2 \frac{T}{2}} = \frac{I_m}{\sqrt{2}} = 0.707 I_m$$

即正弦电流的有效值与最大值满足下列关系，即：

$$I_m = \sqrt{2} I$$

同理，可得正弦电压有效值与最大值的关系，即：

$$U_m = \sqrt{2} U$$

工程上所说的正弦电压、电流一般指有效值，如设备铭牌额定值、电网的电压等级等。

但绝缘水平、耐压值指的是幅值。因此，在考虑电气设备的耐压水平时应按幅值考虑。测量中，交流测量仪表指示的电压、电流读数一般为有效值。应用时需注意区分电流、电压的瞬时值 i、u，幅值 I_m、U_m 和有效值 I、U 的符号。

第二节　供配电基础

把各种电路元件以某种方式互连而形成的某种能量或信息的传输通道称为电路，也可称为电路网络。

一、三相电路

三相电路是由三个频率相同、振幅相同、相位彼此相差 120° 的正弦电动势作为供电电源的电路。三相电力系统由三相电源、三相负载和三相输电线路三部分组成。

三相电路具有如下优点。

① 发电方面：比单相电源提高 50%的功率。

② 输电方面：比单相输电节省 25%的钢材。

③ 配电方面：三相变压器比单相变压器经济且便于接入负载。

④ 用电设备：具有结构简单、成本低、运行可靠、维护方便等优点。

以上优点使得三相电路在动力方面获得了广泛的应用，是目前电力系统中采用的主要供电方式。三相电路在生产上应用最为广泛，发电和输配电一般都采用三相制。在用电方面，最主要的负载是三相电动机。

（一）对称三相电源

对称三相电源通常由三相同步发电机产生。如图 1-6（a）所示，发电机的静止部分叫作定子。在定子内壁槽中放置几何尺寸、形状和匝数都相同的三个绕组 U_1U_2、V_1V_2、W_1W_2，三相绕组在空间互差 120°，当转子以均匀角速度 ω 转动时，在三相绕组中产生感应电压，分别为 u_1、u_2、u_3，从而形成图 1-6（b）所示的对称三相电源。其中 U_1、V_1、W_1 三端称为始端，U_2、V_2、W_2 三端称为末端。发电机的转动部分叫作转子，它的磁极由直流电励磁，沿

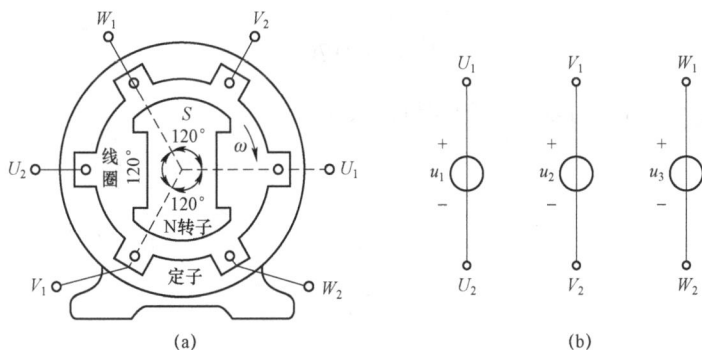

图 1-6 交流发电机对称三相电源

（a）三相交流发电机；（b）对称三相电源

定子和转子间的空隙产生按正弦规律分布的磁场。当转子以角速度 ω 沿顺时针方向做匀速旋转时，在各绕组中产生的电动势必然频率相同、幅值相等。又由于三相绕组依次切割转子磁场的磁感线，因此其出现电动势最大值的时间就不相同，即在相位上互差 $120°$。

三相电源的瞬时值表达式为：

$$\left.\begin{array}{l} u_1 = U_m \sin \omega t \\ u_2 = U_m \sin(\omega t - 120°) \\ u_3 = U_m \sin(\omega t + 120°) \end{array}\right\}$$

式中，以 U 相电压为参考正弦量，三相交流电源的波形图如图 1-7 所示。

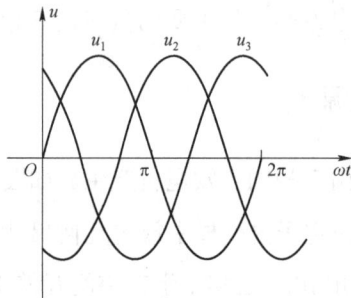

图 1-7　三相电源的波形图

三相电源的相量表示为：

$$\left.\begin{array}{l} \dot{U}_1 = U \angle 0° \\ \dot{U}_2 = U \angle -120° \\ \dot{U}_3 = U \angle 120° \end{array}\right\}$$

上式可以用图 1-8 所示的相量图表示。

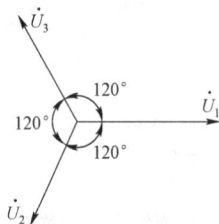

图 1-8　相量图

从三相电压的波形图和相量图容易得出，在任何瞬间，对称三相的电压之和为零，即：

$$\left.\begin{array}{l} u_1 + u_2 + u_3 = 0 \\ \dot{U}_1 + \dot{U}_2 + \dot{U}_3 = 0 \end{array}\right\}$$

三相电源中各相电源经过同一值（如最大值）的先后顺序 U_1、V_1、W_1 称为三相电源的相序。$U_1 \rightarrow V_1 \rightarrow W_1$ 称为正序（或顺序）；反之，$U_1 \rightarrow W_1 \rightarrow V_1$ 称为反序（或逆序）。

（二）三相电源的连接

1. 星形连接（Y 连接）

把三相电源绕组的末端 U_2、V_2、W_2 连接起来成一公共点 N，从始端 U_1、V_1、W_1 引出三条端线 L_1、L_2、L_3 就构成星形连接，如图 1-12 所示。从每相绕组始端引出的导线 L_1、L_2、L_3 称为相线或端线（俗称火线），公共点 N 称为中性点，从中性点引出的导线称为中性线或零线，这种具有中性线的三相供电系统称为三相四线制电路。如果不引出中性线，则称为三相三线制电路。

如图 1-9 所示，每相始端与末端间的电压，即相线与中性线 N 之间的电压，称为相电压，其有效值用 U_{p1}、U_{p2}、U_{p3} 表示。而任意两始端间的电压，即两相线 L_1L_2、L_2L_3、L_3L_1 间的电压，称为线电压，其有效值用 U_{l12}、U_{l23}、U_{l31} 表示。

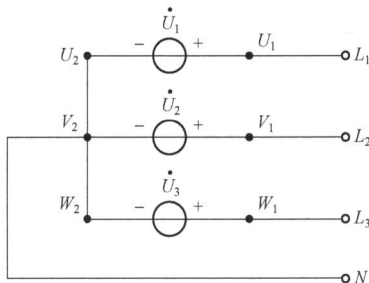

图 1-9　电源星形连接

2. 三角形连接（△连接）

三个绕组始末端顺序相接如图 1-10 所示，就构成三角形连接。

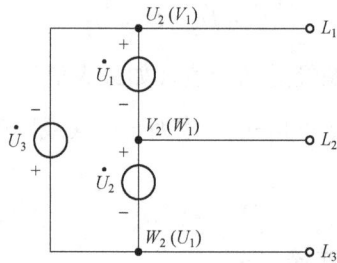

图 1-10　电源三角形连接

需要注意的是：△连接的电源必须始端末端依次相连，由于 $U_1+U_2+U_3=0$，电源中不会产生环流。任意一相接反，都会造成电源中产生大的环流从而损坏电源。因此，当将一组三相电源连成三角形时，应先不完全闭合，留下一个开口，在开口处接上一个交流电压表，测量回路中总的电压是否为零。如果电压为零，说明连接正确，然后再把开口处接在一起。

（三）三相负载及其连接

三相电路的负载由三部分组成，其中每一部分叫作一相负载，三相负载也有星形连接和三角形连接两种方式，分别如图 1-11、图 1-12 所示。当三相负载满足关系：$Z_1=Z_2=Z_3=Z$，$Z_{12}=Z_{23}=Z_{31}$，称为三相对称负载。

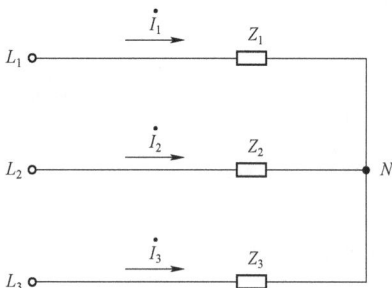

图 1-11　负载星形连接

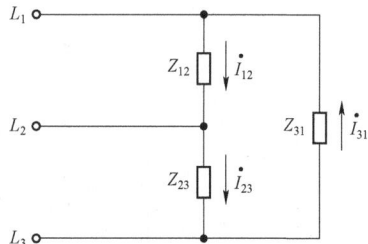

图 1-12　负载三角形连接

如图 1-11 所示，每相负载 Z 中的电流，称为相电流，其有效值用 I_{p1}、I_{p2}、I_{p3} 表示。如图 1-12 所示，每根相线中的电流，称为线电流，其有效值用 I_{l1}、I_{l2}、I_{l3} 表示。

二、电力系统

电力系统是由电能的生成、传递、分发和使用这四个环节构成的，也就是我们常说的发电、输电、变电和配电环节。首先，发电机负责将初级能源转换为电能，然后通过变压器和电线将电能传输并分发给用户，最后这些电能通过电力设备被转换为用户所需要的其他类型的能量。这些负责生产、传输、分发和使用电能的设备，如发电机、变压器、电线和其他电气设备，它们共同构成了一个完整的电力系统，也被称作一次系统。为了确保一次电力系统能够正常、安全、可靠和经济地运行，还需要进行各种信号监控、调度控制和保护操作等，这些都是电力系统中不可或缺的组成部分，因此被称为二次系统。

（一）电能的生产

电能的生成即为发电，这一过程是由多种不同类型的发电厂来完成的。发电厂有许多不同的类型，通常会根据所使用的能源类型被分类为火力发电厂、水力发电厂以及原子能发电厂。除此之外，还存在如风力发电站、潮汐发电站、太阳能发电站、地热发电站以及等离子发电站等多种设施。现阶段，我国的电力生产主要集中在火力发电、水力发电和原子能发电领域，同时风能发电也正在被大规模地采用。

1. 火力发电

火力发电通常使用煤或油作为燃料，通过锅炉产生蒸汽，然后用高压、高温蒸汽驱动汽轮机带动发电机发电。首先，锅炉将燃料的能量高效地转化为热能。汽轮机的作用是将蒸汽中的热量转化为机械动力，进而驱动发电机。

冷凝和给水设备负责将汽轮机排放的蒸汽转化为冷凝水，然后通过冷凝水泵将这些冷凝水作为给水输送到锅炉中。汽轮机的机械能被汽轮发电机转化为电力。火力发电厂的操作和管理是由中央调度所的大型计算机系统来执行的。火力发电厂内部配备了自动负荷控制系统，该系统能够根据中央调度所发出的命令，对锅炉内的燃料、空气、供水以及汽轮机的进气量进行精确控制。这种火力发电站是凝汽式的火力发电站。

除了传统的凝汽式火电厂，还存在一种被称为热电厂的供热式火电厂。热电厂会从汽轮机的中部提取部分已经工作过的蒸汽，以供应给电厂附近的热能用户，这种做法有助于减少凝汽器的热量损耗，从而提升电厂的工作效率。

2. 水力发电

水力发电是利用自然水力资源作为动力，通过水坝或筑坝截流的方式提高水位。利用高水位和低水位之间因落差所具有的水位能驱动水轮机转换成机械能，由水轮机带动发电机发电，进而转换成电能。

3. 原子能发电

原子能发电产生的热量来源于核燃料在反应堆内的裂变反应，这会产出高压和高温的蒸汽，并由汽轮机驱动发电机进行发电。核能发电也被称作原子能发电。在核能发电的过程中，当铀燃料的原子核遭受外部热中子的轰击，会触发原子核的裂变现象，进而分裂成两个独立的原子核，并释放出大量的热能。这种热量作用是将水转化为水蒸气，并将其传输至汽轮发电机，这一过程的工作原理与火力发电是一致的。

原子能发电厂中的汽水循环被划分为两个独立的循环路径：第一个路径是由核反应堆、蒸汽生成器和主循环泵等部分构成的。当高压水在反应堆中吸收热量后，它会通过蒸汽发生器再送回反应堆中。蒸汽发生器、汽轮机和给水泵共同构成了第二回路。水在蒸汽发生器中吸取热量并转化为蒸汽，在汽轮机的作用下被转化为水，然后通过给水泵流入蒸汽发生器。

4. 风力发电

风力发电的原理是通过风力驱动风车的叶片进行旋转，并利用增速机提高旋转速度，从而驱动发电机进行发电。在风力发电领域，常见的发电机类型有四种，分别是：直流发电机、永磁发电机、同步交流发电机以及异步交流发电机。

风力发电系统一般是由风力机、发电机以及电力电子组件等多个部分组成的。风力机是通过齿轮箱来驱动发电机的，而从发电机产生的电能在经过电力电子部分的转换后，会直接供应给负载，并最终通过变压器并入到电网中。

现阶段，我国正在新疆、内蒙古、青海、宁夏等具有丰富风力资源的内陆草原和海滨湿地地区，积极推进风力发电厂的建设，以实现风力发电的目标。

在全球范围内，发电厂所供应的大部分电力来源于交流电。在我国，交流电的工作频率是 50 Hz，这被称作工频。

（二）电能的传输

电力传输也被称作输电。输电网是一个由多条输电线路构成的复杂网络系统，这些线路将多个电源点和供电点紧密地连接在一起。在电力传输的过程中，首先是将发电机组产生的 6～10 kV 电压通过升压变压器转化为 35～500 kV 的高压，然后通过输电线将电能传递给各个用户，接着使用降压变压器将 35～500 kV 的高压转化为 6～10 kV。

大中型发电厂通常位于煤炭产区或水资源丰富的地方，与用电城市的距离可能从几十千米到几百千米不等。因此，发电厂所产生的电能需要通过高压输电线路传输到这些用电区域，然后再分配给终端用户。随着输电距离的增加和输送容量的扩大，对输电电压等级的要求也相应提高。我国的标准输电电压等级包括 35 kV、110 kV、220 kV、330 kV 以及 500 kV 等多种。通常，当输送的距离小于 50 km 时，我们选择使用 35 kV 的电压；对于输电距离约为 100 km 的情况，我们选择 110 kV 的输电方式；对于输电距离超过 200 km 的情况，建议使用 220 kV 或更高级别的电压。

高压输电按照输电特点，通常可分为高压输电（110 kV、220 kV）、超高压输电（330 kV、500 kV、750 kV、±500 kV、±660 kV）和特高压输电（1 000 kV、±800 kV），具体电压等级及用途如表 1-2 所示。我国目前多采用高压、超高压远距离输电。高压输电可以有效减小输电电流，从而减少电能损耗，保证输电质量。

表 1-2　电网的电压等级及用途

类型	等级	电压水平	用途
交流电	低压	400 V（单相 220 V）	居民及小型工商户用电
	中压	10 kV、20 kV、30 kV	配电网、工业用户
	高压	110 kV、220 kV	输电网、城市配电网
	超高压	330 kV、500 kV、750 kV	省及区域骨干输电网
	特高压	1 000 kV	跨区域骨干输电网
直流电	高压	±500 kV、±660 kV	远距离、大容量输电
	特高压	±800 kV	超远距离、超大容量输电

除交流输电方式外，还有直流输电方式。直流输电是指将发电厂发出的交流电，经整流器转换成直流电输送至受电端，再用逆变器将直流电变换成交流电送到受端交流电网的一种输电方式。其主要应用于远距离大功率输电和非同步交流系统的联网。直流输电与交流输电相比具有结构简单、投资少、对环境影响小、电压分布平稳、不需无功功率补偿等优点，但输电过程中其整流和逆变部分结构较为复杂。

（三）电能的分配

高压输电到用电点（如住宅、工厂）后，须经区域变电所将交流电的高压降为低压，再供给各用电点。电能提供给民用住宅的照明电压为交流

220 V，提供给工厂车间的电压为交流 380/220 V。

在工厂配电中，对车间动力用电和照明用电均采用分别配电的方式，即把动力配电线路与照明配电线路分开，这样可避免因局部故障而影响整个车间生产的情况发生。

三、配电系统

配电系统是由多种配电设备与配电设施组成的变换电压和向终端用户分配电能的电力网络系统，分为高压配电系统、中压配电系统和低压配电系统。我国配电系统的电压等级，根据《城市电力网规划设计导则》的规定，220 kV 及其以上电压为输变电系统，35 kV、63 kV、110 kV 为高压配电，10 kV、20 kV 为中压配电，380/220 V 为低压配电。考虑大型及特大型城市近年来电网的快速发展，中压配电可扩展至 220 kV、330 kV、500 kV。

（一）高压配电网

高压配电网是由高压配电线路和配电变电站组成的向用户提供电能的配电网。高压配电网从上一级电源接收电能后，可以直接向高压用户供电，也可以向下一级中压（或低压）配电网提供电源。

（二）中压配电网

中压配电网是由中压配电线路和配电室（配电变压器）组成的向用户提供电能的配电网。中压配电网从高压配电网接收电能，向中压用户或向各用电小区负荷中心的配电室（配电变压器）供电，再经过变压后向下一级低压配电网提供电源。

（三）低压配电网

低压配电网是由低压配电线路及其附属电气设备组成的向低压用户提供电能的配电网。低压配电网从中压（或高压）配电网接收电能，直接配送给各低压用户。低压配电网是电力系统的末端，分布广泛，几乎遍及建筑的每一个角落，日常使用最多的是 380/220 V。

从安全用电等方面考虑，低压配电系统有三种接地形式，分别为 IT 系统、TT 系统、TN 系统。TN 系统又分为 TN-S 系统、TN-C 系统和 TN-C-S 系统三种形式（系统接地的形式及安全技术要求，见 GB 14050—2008）。系统接地的形式以拉丁字母作代号，其意义为：第一个字母表示电源端与地的关系。

T 表示电源端有一点直接接地；I 表示电源端所有带电部分不接地或有一点通过阻抗接地。第二个字母表示电气装置的外露可导电部分与地的关系。T 表示电气装置的外露可导电部分直接接地，此接地点在电气上独立于电源端的接地点；N 表示电气装置的外露可导电部分与电源端接地点有直接电气连接。短横线"-"后面的字母用来表示中性导体与保护导体的组合情况。S 表示中性导体和保护导体是分开的；C 表示中性导体和保护导体是合一的。

1. IT 系统

IT 系统就是电源中性点不接地或经阻抗（1 000 Ω）接地，用电设备外壳直接接地的系统，称为三相三线制系统。在 IT 系统中，连接设备外壳可导电部分和接地体的导线，就是 PE 线。

在 IT 系统内，电气装置带电导体与地绝缘，或电源的中性点经高阻抗接地；所有的外露可导电部分和装置外导电部分经电气装置的接地极接地。由于该系统在出现第一次故障时故障电流小，且电气设备金属外壳不会产生危险性的接触电压，因此可以不切断电源，使电气设备继续运行，并可通过报警装置及时检查并消除故障。

2. TT 系统

TT 系统就是电源中性点直接接地，用电设备外壳也直接接地的系统，称为三相四线制系统。通常将电源中性点的接地叫作工作接地，而设备外壳的接地叫作保护接地。在 TT 系统中，这两个接地是相互独立的。设备接地可以是每一设备都有各自独立的接地装置，也可以是若干设备共用一个接地装置。

TT 系统适用于有中性线输出的单相、三相电分开的较大村庄。为其加装上漏电保护装置后，可收到较好的安全效果。目前，有的建筑单位采用 TT 系统，施工单位借用其电源做临时用电时，应采用一条专用保护线，以减少接地装置的用量。该系统也适用于对信号干扰有要求的场合，如对数据处理、精密检测装置的供电等。

3. TN 系统

TN 系统即电源中性点直接接地，设备外壳等可导电部分与电源中性点有直接电气连接的系统，它有以下三种形式。

（1）TN-S 系统

TN-S 系统如图 1-13 所示。图中中性线 N 与 TT 系统相同，在电源中性点工作接地，而用电设备外壳等可导电部分通过保护线 PE 连接到电源中性点上。在这种系统中，中性线 N 和保护线 PE 是分开的。TN-S 系统是我国目前应用最为广泛的一种系统，又称为三相五线制系统，适用于新建楼宇和爆炸、火灾危险性较大或安全性要求高的场所，如科研院所、计算机中心、通信局站等。

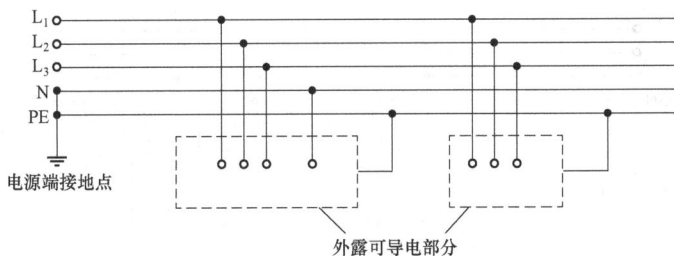

图 1-13 TN-S 系统

（2）TN-C 系统

TN-C 系统如图 1-14 所示，它将 PE 线和中线性 N 的功能综合起来，由一根称为保护中性线 PEN 的线，同时承担起保护和中性线两者的功能。在用电设备处，PEN 线既连接到负荷中性点上，又连接到设备外壳等可导电部分。但应注意火线与零线要连接正确，否则外壳会带电。TN-C 系统现在已很少采用，尤其在民用配电中已基本上不允许采用 TN-C 系统。

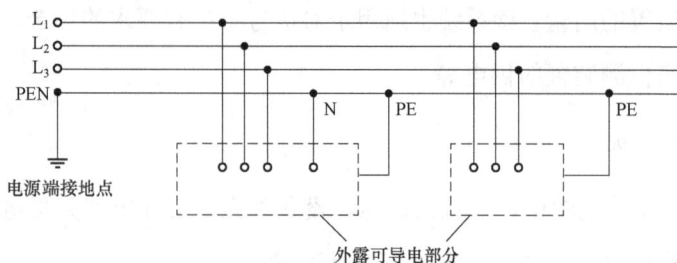

图 1-14　TN-C 系统

（3）TN-C-S 系统

TN-C-S 系统是 TN-C 系统和 TN-S 系统的结合形式，如图 1-15 所示。TN-C-S 系统中，从电源出来的那一段采用 TN-C 系统，只起能的传输作用，到用电负荷附近某一点处时，将 PEN 线分开成单独的 N 线和 PE 线，从这一点开始，系统相当于 TN-S 系统。TN-C-S 系统也是目前应用比较广泛的一种系统。这里采用了重复接地这一技术，此系统适用于厂内变电站、厂内低压配电场所及民用旧楼改造。

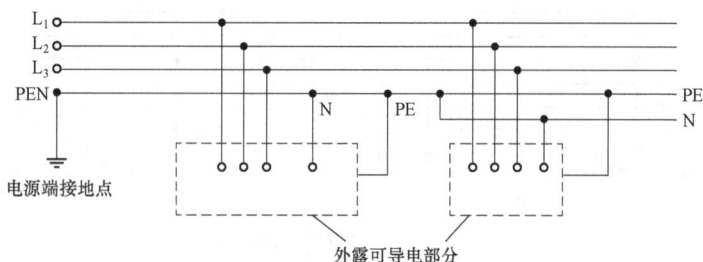

图 1-15　TN-C-S 系统

第三节　常用电工材料

一、导电材料

导电材料主要是金属材料，又称导电金属。用作导电材料的金属除应具有高导电性外，还应具有较高的机械强度、抗氧化性、抗腐蚀性，且容易加工和焊接。

（一）导电材料的特性

1. 电阻特性

在外电场的作用下，金属中的自由电子做定向运动时，不断地与晶格结点上做热振动的正离子相碰撞，使电子运动受到阻碍，因此金属具有一定的电阻。金属的电阻特性通常用电阻率 ρ 来表示。

2. 电子逸出功

金属中的电子脱离其本体变成自由电子所必须获得的能量称为电子逸出功，其单位为电子伏特，用 eV 表示。不同的金属，其电子逸出功不同。

3. 接触电位差

接触电位差是指在两种不同的金属或合金接触时，两者之间所产生的电位差。

4. 温差电势

两种不同的金属接触，当两个触点间有一定的温度差时，则会产生温差电势。根据温差电势现象，选用温差电势大的金属，可以组成热电偶用来测量温度。此外，温度升高，会使金属的电阻增大；合金元素和杂质也会使金属的电阻增大；机械加工也会使金属的电阻增大；电流频率升高，金属产生趋肤效应，导体的电阻也会增大。

（二）导电材料的分类

导电材料按用途一般可分为高电导材料、高电阻材料和导线材料。

1. 高电导材料

高电导材料是指某些具有低电阻率的导电金属。常见金属的导电能力大小按顺序为银、铜、金、铝。由于金、银价格高，因此仅在一些特殊场合使用。电子工业中常用的高电导材料为铜、铝及它们的合金。

（1）铜及其合金

纯铜（Cu）呈紫红色，故又称紫铜。它具有良好的导电性和导热性，不易氧化且耐腐蚀，机械强度较高，延展性和可塑性好，易于机械加工，便于焊接等优点。铜在室温、干燥的条件下，几乎不会氧化。但在潮湿的空气中，铜会产生铜绿；在腐蚀气体中会受到腐蚀。但纯铜的硬度不够高，耐磨性不好。所以，对于某些特殊用途的导电材料，需要在铜的成分中适当加入其他元素构成铜合金。

黄铜是加入锌元素的铜合金，具有良好的机械性能和压力加工性能，其导电性能较差，抗拉强度大，常用于制作焊片、螺钉、接线柱等。

青铜是除黄铜、白铜（镍铜合金）外的铜合金的总称。常用的青铜有锡磷青铜、铍青铜等。锡磷青铜常用作弹性材料，其缺点是导电能力差、脆性大。铍青铜具有特别高的机械强度、硬度和良好的耐磨、耐蚀、耐疲劳性，并有较好的导电性和导热性，弹性稳定性好，弹性极限高，用于制作导电的弹性零件。

（2）铝及其合金

铝是一种银白色的轻金属，具有良好的导电性和导热性，易进行机械加工，其导电能力仅次于铜，但密度小于铜。铝的化学性质活泼，在常温下的空气中，其表面很快氧化生成一层极薄的氧化膜，这层氧化膜能阻止铝的进一步氧化，起到一定的保护作用。其缺点是熔点较低、不易还原、不易焊接，并且机械强度低。所以，一般在纯铝中加入硅、镁等元素构成铝合金以提高其机械强度。

铝硅合金又称硅铝明，它的机械强度比铝高，流动性好，收缩率小，耐腐蚀，易焊接，可代替细金丝用于连接线。

（3）金及其合金

金具有良好的导电、导热性，不易被氧化，但价格高，主要用作连接点的电镀材料。金的硬度较低，常用的是加入各种硬化元素的金基合金。其合金具有良好的抗有机污染的能力，硬度和耐磨性均高于纯金，常用在要求较高的电接触元件中做弱电流、小功率接点，如各种继电器、波段开关等。

（4）银及其合金

银的导电性和导热性很好，易于加工成形，其氧化膜也能导电，并能抵抗有机物污染。与其他贵重金属相比，银的价格比较便宜。但其耐磨性差，容易硫化，其硫化物不易导电，难以清除。因此，常采用银铜、银镁镍等合金。

银合金比银具有更好的机械性能，银铅锌、银铜的导电性能与银相近，而强度、硬度和抗硫化性均有所提高。

2. 高电阻材料

高电阻材料是指某些具有高电阻率的导电金属。常用的高电阻材料大都是铜、镍、铬、铁等合金。

（1）锰铜。它是铜、镍、锰的合金，具有特殊的褐红色光泽，电阻率较高，主要用于电桥、电位差计、标准电阻及分流器、分压器。

（2）康铜。它是铜、镍合金，其机械强度高，抗氧化和耐腐蚀性好，工作温度较高。康铜丝在空气中加热氧化，能在其表面形成一层附着力很强的氧化膜绝缘层。康铜主要用于电流、电压的调节装置。

（3）镍铬合金。它是一种电阻系数大的合金，具有良好的耐高温性能，常用来制造线绕电阻器、电阻式加热器及电炉丝。

（4）铁铬铝合金。它是以铁为主要成分的合金，并加入少量的铬和铝来提高材料的电阻系数和耐热性。其脆性较大，不易拉成细丝，但价格便宜，常制成带状或直径较大的电阻丝。

3. 导线材料

在电子工业中，常用的连接导线有电线和电缆两大类，它们又可分为裸导线、电磁线、绝缘电线电缆、通信电缆等。

（1）裸导线

裸导线是没有绝缘层的电线，常用的有单股或多股铜线、镀锡铜线、电阻合金线等。其种类、型号及用途如表 1-3 所示。

表 1-3　常用裸导线的种类、型号及用途

种类		型号	主要用途
裸单线	硬圆铜单线	TY	作电线电缆的芯线和电器制品（如电机、变压器等）的绕组线。硬圆铜单线也可作电力及通信架空线
	软圆铜单线	TR	
	镀锡软铜单线	TRX	用于电线电缆的内、外导体制造及电器制品的电气连接
	裸铜软天线	TTR	适用于通信的架空天线
裸型线	软铜扁线	TBR	适用于电机、电器、配电线路及其他电工制品
	硬铜扁线	TBY	
	裸铜电刷线	TS、TSR	用于电机及电气线路上的连接电刷
电阻合金线	镍铬丝	Cr20Ni80	供制造发热元件及电阻元件用，正常工作温度为 1 000 ℃
	康铜丝	KX	供制造普通线绕电阻器及电位器用，能在 500 ℃条件下使用

裸导线又可以分为圆单线、型线、软接线和裸绞线。

① 圆单线：如单股裸铝线、单股裸铜线等，用作电机绕组等。

② 型线：如电车架空线、裸铜排、裸铝排、扁钢等，用作母线、接地线。

③ 软接线：如铜电刷线、铜绞线等，用作连接线、引出线、接地线。

④ 裸绞线：用于架空线路中的输电导线。

（2）电磁线

电磁线（绕组线）是指用于电动机、电器及电工仪表中，作为绕组或元件的绝缘导线，一般涂漆或包缠纤维绝缘层。电磁线主要用于电动机、变压器、电感器件及电子仪表的绕组等。电磁线的导电线芯有圆线和扁线两种，目前大多采用铜线，很少采用铝线。由于导线外面有绝缘材料，因此电磁线有不同的耐热等级。

常见的电磁线有漆包线和绕包线两类，其型号、名称、主要特性及用途如表 1-4 所示。

表 1-4　常用电磁线的型号、名称、主要特性及用途

型号	名称	主要特性及用途
QZ-1	聚酯漆包圆铜线	其电气性能好，机械强度较高，抗溶剂性能好，耐温在 130 ℃以下。用作中小型电动机、电气仪表等的绕组
QST	单丝漆包圆钢线	用于电动机、电气仪表的绕组
QZB	高强度漆包扁铜线	主要性能同 QZ-1，主要用于大型线圈的绕组
QJST	高频绕组线	高频性能好，用作绕制高频绕组

① 漆包线的绝缘层是漆膜，广泛应用于中小型电动机及微电动机、干式变压器和其他电工产品中。

② 绕包线是用玻璃丝、绝缘纸或合成树脂薄膜等紧密绕包在导电线芯上，形成绝缘层；也有在漆包线上再绕包绝缘层的。

（3）绝缘电线电缆

绝缘电线电缆一般由导电的线芯、绝缘层和保护层组成。线芯有单芯、二芯、三芯和多芯几种。绝缘层用于防止放电或漏电，一般使用橡皮、塑料、油纸等材料。保护层用于保护绝缘层，可分为金属保护层和非金属保护层。

绝缘电线电缆是用于电力、通信及相关传输用途的材料。在导体外挤（绕）包绝缘层，如架空绝缘电缆；或几芯绞合（对应电力系统的相线、零线和地线），如二芯以上架空绝缘电缆；或再增加护套层，如塑料/橡套电线电缆。主要用在发电、配电、输电、变电、供电线路中的强电电能传输，其

通过的电流大（几十安至几千安）、电压高（220 V～500 kV 及以上）。

塑料绝缘电线是在裸导线的基础上外加塑料绝缘的电线。通常将芯数少、产品直径小、结构简单的产品称为电线，没有绝缘的称为裸电线，其他的称为电缆；导体截面积大于 6 mm² 的称为大电线，小于或等于 6 mm² 的称为小电线。塑料绝缘电线广泛用于电子产品的各部分、各组件之间的各种连接。

电源软导线的主要作用是连接电源插座与电气设备。选用电源线时，除导线的耐压要符合安全要求外，还应根据产品的功耗，适当选择不同线径的导线。

（4）通信电缆

通信电缆是指用于近距离的音频通信和远距离的高频载波、数字通信及信号传输的电缆。根据通信电缆的用途和使用范围，可将其分为市内通信电缆、长途对称电缆、同轴电缆、海底电缆、光纤电缆、射频电缆。

① 市内通信电缆包括纸绝缘市内话缆、聚烯烃绝缘聚烯烃护套市内话缆。

② 长途对称电缆包括纸绝缘高低频长途对称电缆、铜芯泡沫聚乙烯高低频长途对称电缆以及数字传输长途对称电缆。

③ 同轴电缆包括小同轴电缆、中同轴电缆和微小同轴电缆。

④ 海底电缆包括对称海底电缆和同轴海底电缆。

⑤ 光纤电缆包括传统的电缆型光缆、带状列阵型光缆和骨架型光缆。

⑥ 射频电缆包括对称射频电缆和同轴射频电缆。

（三）常用线材的使用条件

1. 电路条件

（1）允许电流。允许电流是指常温下工作的电流值，导线在电路中工作时的电流要小于允许电流。导线的允许电流应大于电路总的最大电流，且应留有余地，以保证导线在高温下能正常使用。

（2）导线的电阻电压降。当有电流流经导线时，由于导线电阻的作用，会在导线上产生压降。导线的直径越大，其电阻越小，压降越小。当导线很长时，要考虑导线电阻对电压的影响。

（3）额定电压和绝缘性。由于导线的绝缘层在高压下会被击穿，因此，导线的工作电压应远小于击穿电压（一般取击穿电压的1/3）。使用时，电路的最大电压应低于额定电压，以保证绝缘性能和使用安全。

（4）使用频率及高频特性。由于导线的趋肤效应、绝缘材料的介质损耗，使得在高频情况下导线的性能变差，因此，高频时可用镀银线、裸粗铜线或空心铜管。对不同的频率应选用不同的线材，要考虑高频信号的趋肤效应。

（5）特性阻抗。不同的导线具有不同的特性阻抗，二者不匹配时会引起高频信号的反射。在射频电路中还应考虑导线的特性阻抗，以保证电路的阻抗匹配及防止信号的反射波。

（6）信号电平与屏蔽。当信号较小时，会引起信噪比的降低，导致信号的质量下降，此时应选用屏蔽线，以降低噪声的干扰。

2. 环境条件

（1）温度。由于环境温度的影响，会使导线的绝缘层变软或变硬，以致其变形、开裂，从而造成短路。

（2）湿度。环境潮湿会使导线的芯线氧化，绝缘层老化。

（3）气候。恶劣的气候会加速导线的老化。

（4）化学药品。许多化学药品都会造成导线腐蚀和氧化。

因此，选用的线材应能适应环境的温度、湿度及气候的要求。一般情况下，导线不要与化学药品及日光直接接触。

3. 机械强度

选择的线材应具备良好的拉伸强度、耐磨损性和柔软性，质量要轻，以适应环境的机械振动等条件。

二、绝缘材料

绝缘材料又称电介质，是指具有高电阻率且电流难以通过的材料。通常情况下，可以认为绝缘材料是不导电的。

（一）绝缘材料的作用

绝缘材料的作用就是将电气设备中电势不同的带电部分隔离开来。因此，绝缘材料首先应具有较高的绝缘电阻和耐压强度，能避免发生漏电、击穿等事故。其次是其耐热性能要好，能避免因长期过热而老化变质。此外，还应具有良好的导热性、耐潮性和防雷性以及较高的机械强度以及工艺加工方便等特点。根据上述要求，常用绝缘材料的性能指标有绝缘强度（kV/mm）、抗张强度、体积质量、膨胀系数等。

（二）绝缘材料的分类

1. 按化学性质分类

绝缘材料按化学性质可分为无机绝缘材料、有机绝缘材料和复合绝缘材料。

（1）无机绝缘材料。无机绝缘材料有云母、石棉、大理石、瓷器、玻璃、硫黄等，主要用作电动机、电器的绕组绝缘、开关的底板和绝缘子等。无机绝缘材料的耐热性好、不易燃烧、不易老化，适合制造稳定性要求高而机械性能坚实的零件，但其柔韧性和弹性较差。

（2）有机绝缘材料。有机绝缘材料有虫胶、树脂、橡胶、棉纱、纸、麻、人造丝等，大多用来制造绝缘漆、绕组导线的被覆绝缘物等。其特点是轻、柔软、易加工，但耐热性不好、化学稳定性差、易老化。

（3）复合绝缘材料。复合绝缘材料是由以上两种材料经过加工制成的各种成形绝缘材料，用作电器的底座、外壳等。

2. 绝缘材料按形态分类

绝缘材料按形态可分为气体绝缘材料、液体绝缘材料和固体绝缘材料。

（1）气体绝缘材料

气体绝缘材料就是用于隔绝不同电位导电体的气体。在一些设备中，气体作为主绝缘材料，其他固体电介质只能起支撑作用，如输电线路、变压器相间绝缘均以气体作为绝缘材料。

气体绝缘材料的特点是气体在放电电压以下有很高的绝缘电阻，发生绝缘破坏时也容易自行恢复。气体绝缘材料具有很好的游离场强和击穿场强、化学性质稳定、不易因放电作用而分解。与液体和固体相比，其缺点是绝缘屈服值低。

常用的气体绝缘材料包括空气、氮气、二氧化碳、六氟化硫以及它们的混合气体。其广泛应用于架空线路、变压器、全封闭高压电器、高压套管、通信电缆、电力电缆、电容器、断路器以及静电电压发生器等设备中。

（2）液体绝缘材料

液体电介质又称为绝缘油，在常温下为液态，用于填充固体材料内部或极间的空隙，以提高其介电性能，并改进设备的散热能力，在电气设备中起绝缘、传热、浸渍及填充作用。如在电容器中，它能提高其介电性能，增大每单位体积的储能量；在开关中，它能起灭弧作用。

液体绝缘材料的特点是具有优良的电气性能，即击穿强度高、介质损耗较小、绝缘电阻率高、相对介电常数小。

常用的液体绝缘材料有变压器油、断路器油、电容器油等，主要用在变压器、断路器、电容器和电缆等油浸式的电气设备中。

（3）固体绝缘材料

固体绝缘材料是用来隔绝不同电位导电体的固体。一般还要求固体绝缘材料兼具支撑作用。

固体绝缘材料的特点是：与气体绝缘材料、液体绝缘材料相比，由于其密度较高，因此其击穿强度也很高。

固体绝缘材料可以分成无机的和有机的两大类。无机固体材料主要有云母、粉云母及云母制品，玻璃、玻璃纤维及其制品，以及电瓷、氧化铝膜等。它们耐高温、不易老化，具有相当高的机械强度，其中某些材料如电瓷等，成本低，在实际应用中占有一定的地位。其缺点是加工性能差，不易适应电工设备对绝缘材料的成形要求。有机固体材料主要有纸、棉布、绸、橡胶、可以固化的植物油、聚乙烯、聚苯乙烯、有机硅树脂等。

第二章　常用电工工具和仪表的使用

第一节　常用电工工具的使用

一、验电笔

验电笔是用来检测电路中的线路是否带电及低压电气设备是否漏电的常用工具。按其外形分为笔形、螺钉旋具形和组合型等。目前，低压验电笔通常有氖管式验电笔和数字式验电笔两种。

（一）氖管式验电笔

氖管式验电笔又称电笔，用来检验导线、电器和电气设备的金属外壳是否带电。氖管式验电笔是一种最常用的验电笔，测试时根据内部的氖管是否发光来确定测试对象是否带电。钢笔式氖管式验电笔主要由金属笔挂、弹簧、观察孔、笔身、氖管、电阻及笔尖探头等组成。

1. 氖管式验电笔的使用方法

氖管式验电笔是利用电容电流使氖管灯泡发光的原理制成的，使用时必须用手指触及笔尾的金属部分，并使氖管小窗背光且朝向自己，以便观测氖管的亮暗程度，防止因光线太强造成误判。

当用氖管式验电笔测试带电体时，电流经带电体、电笔、人体及大地形成通电回路，只要带电体与大地之间的电位差超过 60 V，电笔中的氖管就会发光。为了安全起见，不要用氖管式验电笔检测高于 500 V 的电压。

2. 氖管式验电笔使用注意事项

（1）使用前，必须在有电源处对验电笔进行测试，以证明该验电笔确实良好，方可使用。在强光下验电时，应采取遮挡措施，以防误判。

（2）验电时，应使验电笔逐渐靠近被测物体，直至氖管发亮，不可直接接触被测体。

（3）验电时，手指必须触及笔尾的金属体，否则会将带电体误判为非带电体。

（4）验电时，要防止手指触及笔尖的金属部分，以免造成触电事故。

（5）验电笔可区分相线和地线，接触电线时，使氖管发光的线是相线，氖管不亮的线为地线或中性线。

（6）验电笔可区分交流电和直流电：使氖管式验电笔氖管两极发光的是交流电；一极发光的是直流电。

（7）验电笔可判断电压的高低：使氖管发亮至黄红色，则电压较高；使氖管发暗微亮至暗红，则电压较低。

（8）验电笔可判断交流电的同相和异相。两手各持一支验电笔，站在绝缘体上，将两支验电笔同时接触待测的两条导线：若两支验电笔的氖灯均不太亮，则表明两条导线是同相；若两个氖灯发出很亮的光，说明是异相。

（9）验电笔可测试直流电是否接地，并判断是正极还是负极接地。在要求对地绝缘的直流装置中，人站在地上用验电笔接触直流电：如果氖灯发光，说明直流电存在接地现象；反之则不接地。当验电笔尖端极发亮时，说明正极接地；若手握端极发亮，则是负极接地。

（二）数字式验电笔

数字式验电笔主要由笔尖、笔身、发光二极管、显示屏、感应断点测试按钮和直接测量按钮等组成。

数字式验电笔适用于检测 12～220 V 交直流电压和各种带电设备。数字式验电笔除了具有氖管式验电笔通用的功能，还有以下特点。

（1）右手按断点检测按钮，左手接触笔尖。若指示灯发亮，则表示验电笔正常工作；若指示灯不亮，则验电笔不正常，需要检查验电笔。

（2）测试交流电时，切勿按感应按钮。将笔尖插入相线孔时，指示灯发亮，则表示有交流电；需要电压显示时，则按测量按钮，最后显示数字为所测电压值。

二、螺钉旋具

螺钉旋具是紧固或拆卸螺钉的专用工具。螺钉旋具按头部形状可分为一字形和十字形。

（一）螺钉旋具的规格

螺钉旋具的规格一般以柄部以上的杆身长度和杆身直径表示，但习惯上是以柄部以上的杆身长度表示。常用的一字形螺钉旋具的规格有 50 mm、100 mm、150 mm 和 200 mm 等。十字形螺钉旋具常用的规格有四种：1 号螺钉旋具，适用于直径为 2～2.5 mm 的螺钉；2 号螺钉旋具，适用于直径为 3～5 mm 的螺钉；3 号螺钉旋具，适用于直径为 6～8 mm 的螺钉；4 号螺钉旋具，适用于直径为 10～12 mm 的螺钉。在紧固和拆卸螺钉时，选择合适规格的螺钉旋具是十分必要的。

（二）螺钉旋具的使用方法

（1）大螺钉旋具一般用来紧固和拆卸较大螺钉，使用时除大拇指、食指和中指要夹住握柄外，手掌还要顶住柄的末端以防旋转时滑脱。

（2）小螺钉旋具一般用来紧固或拆卸小螺钉，使用时用大拇指和中指夹着握柄，同时用食指顶住柄的末端用力旋动。

（3）螺钉旋具较长时，用右手压紧手柄并转动，同时左手握住螺钉旋具的中间部分（不可放在螺钉周围，以免将手划伤），以防止螺钉旋具滑脱。

（三）螺钉旋具使用注意事项

（1）带电作业时，手不可触及螺钉旋具的金属杆，以免发生触电事故。

（2）作为电工工具时，不可使用金属杆直通握柄顶部的螺钉旋具，以免造成触电事故。

（3）为防止金属杆触到邻近带电体，金属杆应套上绝缘管。

三、钢丝钳

钢丝钳是一种常用的工具，也称老虎钳、平口钳或综合钳。通常钢丝钳用于夹断坚硬的细钢丝。钢丝钳的种类很多，一般可分为铁柄钢丝钳和绝缘柄钢丝钳两种，绝缘柄钢丝钳为电工用钢丝钳，常用的规格有 150 mm、175 mm 和 200 mm 三种。

（一）钢丝钳的使用方法

绝缘柄钢丝钳由钳头和钳柄两部分组成。钳头又可分为钳口、齿口、刀口和铡口四个部分。钢丝钳的用途广泛，钳口可用来弯绞或钳夹导线线头或钢丝末端；齿口可用来紧固或松开螺母、螺钉或钢钉；刀口可用来剪切导线、钢丝或削导线绝缘层；铡口可用来铡切导线线芯、钢丝等较硬线材。

（二）钢丝钳使用注意事项

（1）使用前，应检查钢丝钳的绝缘是否良好，以免带电作业时造成触电事故。

（2）在带电剪切导线时，不可使用刀口同时剪切不同电位的两根线（如相线与零线、相线与相线等），以免发生短路事故。

（3）钳头不可代替锤子作为敲击工具使用。

四、剥线钳

剥线钳是专用于剥削细小导线绝缘层的工具，一般其绝缘手柄耐压等级为 500 V。

使用剥线钳剥导线绝缘层时，先将需剥削的绝缘层长度用标尺定好，然后将导线放入相应的刃口中（比导线直径稍大），再用力将钳柄一握，导线的绝缘层将被剥离。

（一）剥线钳的使用方法

（1）根据导线的粗细型号，选择相应的剥线刃口。

（2）将准备好的导线放在剥线钳的刀刃中间，选择好要剥线的长度。

（3）握住剥线钳手柄，将导线夹住，缓缓用力使电缆外表皮慢慢剥落。

（4）松开剥线钳手柄，取出导线，导线金属裸露在外，其余绝缘材料完好无损。

（二）剥线钳使用注意事项

（1）操作时，应戴好护目镜。

（2）为了防止伤及周围的人或物，应确认断片飞溅的方向后，再进行导线的切断操作。

（3）使用完后，应关紧刀刃尖端，防止误伤。

五、电工刀

电工刀是一种常用的切削工具。通常电工刀由刀片、刀刃、刀把、刀挂构成。刀片根部与刀柄相铰接，其上带有刻度线及刻度标识，前端形成有螺钉旋具刀头，两面加工有锉刀面区域，刀刃上具有一道内凹形弯刀口，弯刀口末端形成刀口尖，刀柄上设有防止刀片退弹的保护钮。

电工刀结构简单、使用方便。使用时，需注意以下事项：

（1）使用时，应正确使用电工刀，避免造成误伤。

（2）传递时，应将刀片折进刀柄，防止误伤。

（3）不用时，应将刀片折进刀柄。

（4）刀柄无绝缘保护，不能用于带电作业，以免触电。

六、活扳手

活扳手是利用杠杆原理拧转螺栓或螺母的手工工具，也是一种常用的安装与拆卸工具。活扳手由呆扳唇、扳口、活扳唇、轴销、手柄及蜗轮组成。活扳手的开口宽度可在一定尺寸范围内进行调节，能拧转不同规格的螺栓或螺母。该扳手的结构特点是固定钳口制成带有细齿的平钳口，活动钳口一端制成平钳口，向下按动蜗杆，活动钳口可迅速取下，调换钳口位置。电工常用的活扳手有 150 mm×19 mm（6 in）、200 mm×24 mm（8 in）、250 mm×30 mm（10 in）及 300 mm×36 mm（12 in）四种规格。

活扳手使用注意事项如下：

（1）应根据螺母或螺栓的大小，选用相应规格的活扳手。

（2）及时调节扳手的位置，应根据螺母或螺栓的位置和空间，及时调节活扳手的开口，从而保证方便旋转和提取扳手。

（3）扳动小螺母时，所用力矩较小，但螺母过小易打滑，故手应握在接近扳头处，可随时调节扳唇紧度，防止打滑。

（4）活扳手不能当撬棍或铁锤使用。

七、喷灯

喷灯是利用易燃物做燃料，燃烧后喷射火焰对工件进行加热的一种工具。因喷出的火焰具有很高的温度，通常可达 800～1 000 ℃，常用于焊接铅包电缆的铅包层、大截面导线连接处的搪锡及其他连接表面的防氧化镀锡等。

（一）喷灯的结构

喷灯的种类很多，按照其使用燃料不同，可分为煤油喷灯、汽油喷灯及燃气喷灯。一般喷灯的主要结构由灯壶、泄压阀、手动泵、放气孔、加油盖、进油阀、喷嘴、上油管和预热杯等组成。

（二）燃油喷灯

1. 燃油喷灯的使用方法

（1）加油。拧开加油盖，倒入不超过筒体 3/4 的油液，保留部分空间，以维持必要的空气压力。加完油后，拧紧加油盖，擦干净洒在外部的油液，并检查是否有渗漏现象。

（2）预热。先在预热杯内注入适量汽油，点燃汽油，将火焰喷头加热。

（3）喷火。当火焰喷头加热后，在燃烧杯内汽油燃完之前，用手动泵打气 3～5 次，然后再慢慢打开进油阀，喷出油雾，喷灯开始喷火。随后继续打气，直到火焰正常为止。

（4）熄火。先关闭进油阀；直到火焰熄灭，然后慢慢拧开放气阀，放出筒体内的压缩空气。

2. 燃油喷灯使用注意事项

（1）喷灯在加油、放油及检修过程中，都应在熄火后进行。

（2）煤油喷灯筒体内，不能掺加汽油。

（3）喷灯使用过程中，需要注意筒体油量。一般筒体内油量不得少于筒体容积的 1/4，如果油量太少，会使筒体发热，易发生危险。

（4）打气压力不应过高。打完气后，应将打气柄固定好。

（5）使用喷灯时，应保持与带电体之间的安全距离。一般距离 10 kV 以下带电体应大于 1.5 m，10 kV 以上应大于 3 m。

（6）筒体是个密封储油容器，受到高温烘烤或使用劣质燃料，容易发生爆炸事故。

（三）燃气喷灯

1. 燃气喷灯的特点

（1）使用简单、携带方便、不怕强风。

（2）倒置或任何角度都可使用，不熄火。

（3）气瓶装卸快速，不用时可卸下放置，防止漏气。

2. 燃气喷灯的使用方法

（1）确认喷灯气阀处于完全关闭状态。

（2）安装气瓶。用气瓶下压底座，将气瓶放入底座内。然后将喷灯体向右转 45°，气瓶便紧扣喷灯，气瓶嘴插入进气口。

（3）开动气阀。缓慢拧开气阀，让微量燃料溢出，迅速点火。然后再开火焰，20 s 后可以使用。

（4）停止使用。完全关闭气阀，确保火已熄灭。喷头仍处于高温状态，切勿用手触摸。把气瓶取出，并放置在安全场所。

3. 燃气喷灯使用注意事项

（1）安装气瓶后，检查结合处是否有漏气异味或气声，也可放入水中观察。若有漏气现象，请勿点火使用，需重新安装，待无漏气后方可点火。

（2）使用通针清理喷嘴上的污垢。

（3）点火时，不准把喷嘴正对人或易燃物品。

（四）喷灯的维护

（1）禁止使用开焊的喷灯。

（2）禁止使用其他热源加热灯壶。

（3）若经过两次预热后，喷灯仍然不能点燃，应暂时停止使用，并检查接口处是否漏气，喷嘴是否堵塞（可用探针进行疏通）和灯芯是否完好（灯芯烧焦、变细应更换），待修好后方可使用。

（4）喷灯连续使用时间以 30～40 min 为宜。使用时间过长，灯壶的温度逐渐升高，导致灯壶内部压强过大，喷灯会有崩裂的危险。

（5）在使用中，如发现灯壶底部凸起时应立刻停止使用，查找原因，并做相应处理后方可使用。

（6）喷灯使用完后，应存放在不易受潮的地方。

第二节　常用电工仪表的使用

一、电压表

电压表是测量被测电路电压值的电工仪表。在使用时，电压表要并联在被测电路中。电压表的种类很多，常用的电压表按不同的分类方法，有不同的名称，其主要分类如下：

按所测电压的性质，可分为直流电压表、交流电压表和交直流两用电压表。

按所测量范围不同，可分为毫伏表和伏特表。

按照动作原理不同，可分为磁电式电压表、电磁式电压表和电动式电压表。

（一）电压表的选择

（1）根据类型选择。当被测电压是直流时，应选直流电压表，即磁电系测量机构的仪表。当被测电压是交流时，应注意其波形与频率。若为正弦波，只需测量有效值即可换算为其他值（如最大值、平均值等），采用任意一种交流电压表即可。若为非正弦波，则应区分需测量的是什么值，有效值可选用电磁系或铁磁电动系测量机构的仪表；平均值则选用整流系测量机构的仪表。

（2）根据准确度选择。因仪表的准确度越高，价格越贵，维修也比较困难。一般 0.1 级和 0.2 级仪表作为标准选用；0.5 级和 1.0 级仪表作为实验室测量使用；1.5 级以下的仪表一般作为工程测量使用。

（3）根据量程选择。正确估计被测电压的范围，合理地选择量程，是非常有必要的。根据被测电压值，所选电压表的最大量程应大于被测电压值，但被测电压值应大于所选电压表最大量程的 2/3。

（4）根据内阻选择。因电压表内阻的大小，反映其本身功率的消耗大小，所以根据被测阻抗的大小来选择仪表的内阻是有必要的，否则会给测量结果带来较大的测量误差。一般，应选用内阻尽可能大的电压表。

（5）量程的扩大。当电路中的被测量电压值超过其仪表的量程时，可采用外附分压器，但注意其准确度等级应与仪表的准确度等级相符。

（二）电压表的使用方法

（1）使用电压表测量电压时，电压表必须并联在被测电路的两端。

（2）选择的电压表量程应大于被测电路的电压值。

（3）交流电压表不可用于测量直流电压，直流电压表不可用于测量交流电压。若互换，不仅测量不准，而且可能烧毁仪表。

（三）电压表使用注意事项

（1）选择电压表时，电压表内阻越大，测量的结果越接近实际值。为了提高测量的准确度，应尽量采用内阻较大的电压表。

（2）使用直流电压表时，除了让电压表与被测电路两端并联外，还应使电压表的正极与被测电路的高电位端相连，负极与被测电路的低电位端相连。

（3）使用交流电压表时，不分正负极性，其所测值是交流电压的有效值。

（4）当无法确定被测电压的大约数值时，应先用电压表的最大量程测试后，再换成合适的量程。转换量程时，要先切断电源，再转换量程。

（5）为安全起见，600 V 以上的交流电压，一般不直接接入电压表，而是通过电压互感器将一次侧的高电压变换成二次侧的 100 V 后再进行测量。根据串联电阻具有分压作用的原理，扩大电压表量程的方法就是给量程小的电压表串联一只适当的分压电阻，此时，通过测量机构的电流仍为原来的小电流不变，并且与被测电压成正比。因此，可以用仪表指针偏转角的大小来反映被测电压的数值，从而扩大了电压表的量程。

（6）电压表的使用环境要符合要求，要远离外磁场。使用前应使指针处于零位，读数时应使视线与标度尺平面垂直。

二、电流表

电流表是一个专门用于测定电路内电流的电工仪表。磁电式电流表是一种广泛使用的电流计，它是基于通电导体在磁场中受到磁场力影响而设计的。其内部装有一个永磁体，该永磁体在两极之间产生磁场。在这个磁场中，有一个线圈，该线圈的两端分别连接着一个游丝弹簧。这些弹簧与电流表的接线柱相连，并在弹簧与线圈之间有一个转轴连接到指针上。在电流流过的过程中，电流会沿着弹簧和转轴经过磁场，从而切割磁力线。因此，受到磁场力的影响，线圈会发生偏转，进而导致转轴和指针的偏转。鉴于磁场力的强度会随着电流的增加而上升，因此我们可以通过观察指针的偏转程度来确定电流的强度。

（一）电流表的分类

电流表主要可分为直流电流表和交流电流表两大类。直流电流表主要采用磁电系电表的测量机构。一般可直接测量微安或毫安数量级的电流。为测更大的电流，电流表应连接并联电阻器（又称分流器）。大电流分流器的电阻值很小，为避免引线电阻和接触电阻附加于分流器而引起误差，分流器要制成四端形式，即有两个电流端和两个电压端。

交流电流表主要采用电磁系电表、电动系电表和整流系电表的测量机构。磁电系电表的最低量程约为几十毫安，为提高量程，要按比例减少线圈匝数，并加粗导线。用电动系测量机构电流表时，动圈与静圈并联，其最低量程约为几十毫安。为提高量程，要减少静圈匝数，并加粗导线，或将两个静圈由串联改为并联，则电流表的量程将增大一倍。用整流系电表测交流电流时，仅当交流电为正弦波形时，电流表读数才正确。

（二）电流表使用注意事项

（1）使用电流表测量电路时，电流表是串联在电路中，所以选择内阻小的电流表比较好。

（2）电流表要串联在电路中，且电流要从正极接线柱流入，从负极接线柱流出。

（3）测量电流时，所选量程应使电流表指针指在刻度标尺的 1/3 以上。

（4）严禁不经过其他设备而把电流表直接连到电源的两极上。因电流表内阻很小，若将电流表直接连到电源的两极上，轻则指针打歪，重则烧坏电流表。

（5）使用电流表时，注意周围环境要符合要求，要远离外磁场。

三、万用表

万用表又称为多用表、三用表，是电工人员不可缺少的测量仪表。万用表也是一种多功能、多量程的测量仪表，一般万用表可测量直流电流、直流电压、交流电流、交流电压、电阻，有的还可以测量功率、电感、电容及晶体管等。万用表按显示方式分为指针式万用表和数字式万用表。

（一）万用表的结构及原理

万用表主要由指示部分、测量电路和转换装置三部分组成。指示部分通常为磁电式微安表，俗称表头；测量部分是把被测的电量转换为符合表头要求的微小直流电流，通常包含分流电路、分压电路和整流电路；不同种类电量的测量及量程的选择是通过转换装置来实现的。

万用表的基本工作原理主要建立在欧姆定律和电阻串并联规律的基础之上。电压灵敏度是万用表的主要参数之一。对一只万用表来说，当它拨到电压档时，电压量程越高，电压档内阻越大。但是，各量程内阻与相应电压量程的比值却是个常数，该常数就是电压灵敏度。电压灵敏度越高，其电压档的内阻越大，对被测电路的影响越小，测量准确度越高。

（二）数字式万用表的使用方法

1. 正确选择端钮（或插孔）

数字式万用表有红、黑两个表笔，一般红表笔要接到红色端钮上（或标有"+"号的插孔内），黑表笔应接到黑色端钮上（或标有"-"号的插孔内），有的万用表有交直流 2 500 V 的测量端钮，使用时黑表笔接黑色端钮（或"-"的插孔内），而红表笔要接到 2 500 V 的端钮上。

2. 正确选择转换开关位置

数字式万用表是多功能表，能测量不同的电路参数，故根据测量对象选择合适的转换开关位置，是非常有必要的。如测量电流时，应将转换开关转到相应的电流档；测量电压时，转到相应的电压档。有的万用表面板上有两个转换开关，一个选择测量种类，另一个选择测量量程。使用时应先选择测量种类，然后选择测量量程。

3. 选择合适的量程

根据被测量值的大致范围，将转换开关转至该种类的适当量程上。

4. 正确使用电阻档

用电阻档测量电阻，电阻值变化很大，从毫欧级的表笔的接触电阻到兆欧级的绝缘电阻。一般数字式万用表测量电阻小至 0.1 Ω，大到几百兆欧。

极大的电阻，数字式万用表会显示"OL"，表示被测电阻大得超过了量程，故此测量开路时，会显示"OL"。

必须在关掉电路电源的情况下测量电阻，否则会损坏万用表或电路。某些数字式万用表提供了在电阻方式下误接入电压信号时进行保护的功能，不同型号的数字式万用表有不同的保护能力。

在进行小电阻的精确测量时，必须从测量值中减去测量导线的电阻。典型的测量导线的电阻值在 0.2～0.5 Ω，如测量导线的电阻值大于 1 Ω，测量导线就要更换了。

5. 通断的测量

通断就是通过快速电阻测量来判断开路或短路，使用带有通断蜂鸣的数字式万用表测量通断时，通断测量非常简单、快速。当测到一个短路电路时，数字式万用表发出蜂鸣，反之则无声，所以在测量时无须看表。不同型号的数字式万用表有不同的触发电阻值。

（三）指针式万用表的使用方法

指针式万用表，又称为磁电式万用表，其结构主要由测量机构（表头）、测量电路和转换开关组成，它的外形可以做成便携式或袖珍式，并将刻度盘、转换开关、调零旋钮以及接线插孔等装在面板上。

MF30 型万用表测量交流电压的灵敏度为 5 kΩ/V。使用 MF30 型万用表测量交流电压的步骤如下：

（1）首先进行机械调零。

（2）将万用表的转换开关置于交流电压档"V"的合适量程上，找到对应的刻度线；面板上第二条刻度尺的左边标有"～"符号，表示该刻度尺为交、直流共用，因此交流电压的测量也从这条刻度线按比例读取。在面板上另有第三条标有"10 V"的刻度尺，专供 10 V 交流读数用。

（3）把万用表与被测电路并联或负载并联。

（4）读出表头指示的数值。所测电压的计算公式为：

$$实际值 = \frac{指示值 \times 量程}{满偏}$$

（四）万用表使用注意事项

（1）在使用万用表时，手不可触及表笔的金属部分，以保证安全和测量的准确度。

（2）在测量较高电压或较大电流时，不能带电转动转换开关，否则有可能烧坏转换开关。

（3）万用表用完后，应将转换开关转到交流电压最高量程档，以防下次测量时疏忽而损坏万用表。

（4）在表笔接触被测线路前，应再做一次全面的检查，检查各位置是否正确。

（5）使用指针式万用表前，需进行机械调零。

（6）使用指针式万用表测量电阻前，需进行欧姆调零。将两表笔短路，观察指针是否在零位置，可使用欧姆调零器，使指针指向欧姆零位。

四、钳形电流表

钳形电流表是电流表的一种，用来测量电路中的电流值，简称电流钳。使用普通电流表测量电路电流时，需断开被测电路，然后把电流表串接到电路中，而利用钳形电流表测量电路电流，无须断开被测电路。由于钳形电流表的这种独特优点，故而钳形电流表得到了广泛的应用。

（一）钳形电流表的结构

钳形电流表是由电流互感器和电流表组合而成的。电流互感器的铁心在捏紧扳手时可以张开，被测电流所通过的导线可以不必切断就可穿过铁心张开的缺口，当放开扳手后铁心闭合。

（二）钳形电流表的使用方法

使用钳形电流表时，选择合适的档位、插孔及量程是非常有必要的，具体使用方法如下：

（1）正确选择档位。根据被测量，选择交、直流电流，交、直流电压或频率档位。

（2）正确选择量程。测量前应估算被测电流的大小，选择合适的量程。不能用小量程档测量大电流。当无法估算被测电流的大小时，应将量程开关置于最高档，然后根据被测量值的大小，变换合适的量程。

（3）正确夹线。用手握住钳形电流表的手柄，并用食指钩住铁心开关，便可打开铁心，将被测线路从铁心缺口放到铁心中间。然后松开铁心开关，铁心自动闭合。

（三）钳形电流表使用注意事项

（1）检查铁心缺口闭合情况。在测量前，用食指勾动铁心开关，检查铁心缺口能否自由闭合，且铁心缺口两边结合面是否紧密。若铁心缺口面上有污垢，用清水或汽油擦拭干净。

（2）钳形电流表不用时，应将旋钮旋到最高量程档，以免下次使用时，由于疏忽而造成仪表损坏。

（3）不得使用钳形电流表测量高压线路的电流，被测线路的电压不能超过钳形电流表的额定电压，以防击穿绝缘，发生人身触电事故。

（4）测量小于 5 A 的小电流时，可将被测导线多绕几圈，然后放入铁心中测量，用最终钳形电流表读数除以导线圈数，就得到了实际导线电流值。

五、绝缘电阻表

绝缘电阻表习称兆欧表，俗称摇表。绝缘电阻表大多采用手摇发电机供电，它是电工常用的一种测量仪表，主要用来检查电气设备、电缆或线路对地及相间的绝缘电阻，以保证这些设备、电器和线路工作在正常状态，避免发生触电伤亡及设备损坏等事故。它是由直流发电机、倍压整流电路、表头等部件组成的。绝缘电阻表摇动时，产生直流电压。它的计量单位是兆欧（MΩ）。

（一）绝缘电阻表选用

绝缘电阻表的额定电压有 50～10 000 V 共 9 种。在使用绝缘电阻表测量绝缘电阻时，选用合适电压等级的绝缘电阻表是非常有必要的，所选绝缘电阻表的电压等级应高于被测物的绝缘电压等级。

如果使用电子式绝缘电阻表测量绝缘电阻，在测量低压电气设备绝缘电阻时，一般选用 0～200 MΩ量程的绝缘电阻表。

（二）绝缘电阻的测量方法

绝缘电阻表上有三个接线柱，上端两个较大的接线柱上分别标有"接地（E）"和"线路（L）"，下方一个较小的接线柱上标有"保护环"或"屏蔽（G）"。

1. 测量线路对地的绝缘电阻

把绝缘电阻表的"接地"接线柱（即接线柱 E）可靠地接地（一般接到某一接地线上），然后把"线路"接线柱（即接线柱 L）接到被测线路上。

按照上述连接后，顺时针摇动绝缘电阻表，转速逐渐加快，当转速达到约 120 r/min 后，保持该速度匀速摇动。当转速稳定后，表的指针也稳定下来，指针所指示的数值即为被测物的绝缘电阻值。

实际使用中，E、L 两个接线柱也可以任意连接，即 E 可以与被测物相连接，L 可以与接地体连接（即接地），但接线柱 G 要接到屏蔽层上，决不能接错。

2. 测量电动机的绝缘电阻

把绝缘电阻表接线柱 E（即接地）接到电动机外壳，并确保触点无油漆，然后把接线柱 L 接到电动机某一相的绕组上。

按照上述连接后，顺时针摇动绝缘电阻表，转速逐渐加快，当转速达到约 120 r/min，保持该速度匀速摇动。当转速稳定后，表的指针也稳定下来，指针所指示的数值即为该相对地的绝缘电阻值。

3. 测量电缆的绝缘电阻

测量电缆的导电线芯与电缆外壳的绝缘电阻时，把接线柱 E 与电缆外壳相连接，如电缆外壳有铠甲，就接在铠甲上。然后把接线柱 L 与线芯连接，同时将接线柱 G 与电缆壳和芯之间的绝缘层相连接。

（三）绝缘电阻表使用注意事项

（1）在使用绝缘电阻表前，应对绝缘电阻表进行开路和短路试验。开路试验是把 L、E 两个接线柱分开，使其处于断开状态，摇动绝缘电阻表，指针应指在"∞"处；短路试验是把 L 和 E 两个接线柱连接起来，使其处于短接状态，摇动绝缘电阻表，指针应指在"0"处。这两项都满足要求，说明绝缘电阻表是完好的。

（2）测量电气设备的绝缘电阻时，必须先断电，将设备进行放电，然后才能测量。

（3）绝缘电阻表测量时，应放在水平位置，并用力按住绝缘电阻表，防止晃动，摇动的转速约 120 r/min。

（4）引接线应采用多股软线，且要有良好的绝缘性能，两根引线切忌绞在一起，以免造成测量数据不准确。

（5）测量完后，应立即对被测物放电，在绝缘电阻表未停止转动或被测物未放电前，不可用手触及被测量部分或拆除导线，以防触电。

（6）测量含有大电容设备的绝缘电阻时，测量前应先放电，测量后也应及时放电，放电时间应大于 2 min，以确保人身安全。读数后不能立即停止摇动，以防电容放电而损坏绝缘电阻表，应降低摇动速度，同时断开 L 接线柱。

（7）测量设备的绝缘电阻时，应同时记录环境温度、湿度及设备状态，以便分析测量结果。

六、电能表

电能表是用来测量电能、统计用电单位用电量的计量工具，又称电度表、火表、千瓦小时表。使用电能表时，在低电压（不超过 500 V）和小电流（几十安）的情况下，电能表可直接接入电路进行测量；在高电压或大电流的情况下，电能表不能直接接入线路，需使用电压互感器和电流互感器，然后把电能表接入二次电路里使用。

（一）电能表的分类

电能表的种类较多，按照不同分类方法，有不同的名称，一般电能表的分类情况如下：

（1）按结构原理，可分为感应式（机械式）、电子式和机电式三种。

（2）按所测电源，可分为直流式和交流式两种。

（3）按所测电能，可分为有功和无功两种。

（4）按接入线路的方式，可分为直接接入式和经互感器接入式两种。

（5）按用途，可分为单相、三相和特殊用途电能表。

（6）按使用情况及等级（指数），可分为安装式和携带式（标准表）。

（二）电能表的型号及其含义

电能表型号是用字母和数字的排列来表示的，电能表的型号由类别代号+组别代号+设计序号+派生号组成，其含义如下：

（1）类别代号，D—电能表。

（2）组别代号，一般由两个字母组成，一个表示相线，另外一个表示用途。

① 表示相线：D—单相；T—三相四线有功；S—三相三线有功；X—三相无功。

② 表示用途：B—标准；D—多功能；M—脉冲；S—全电子式；Z—最大需量；Y—预付费；F—复费率。

（3）设计序号：用阿拉伯数字表示。

（4）派生号：T—湿热、干燥两用；TH—湿热带用；TA—干热带用；G—高原用；H—船用；F—化工防腐用。

例如：DD 表示单相电能表，如 DD862 型、DD701 型、DD95 型；DS 表示三相三线有功电能表，如 DS8 型、DS310 型、DS864 型等；DT 表示三相四线有功电能表，如 DT862 型、DT864 型；DX 表示三相无功电能表，如 DX8 型、DX9 型、DX310 型、DX862 型。DZ 表示最大需量电能表，如 DZ1 型；DB 表示标准电能表，如 DB2 型、DB3 型。

（三）单相电能表的使用

单相电能表共有 5 个接线端子，其中有两个端子在电能表的内部已用连片短接，所以，单相电能表的外接端子只有 4 个，即 1、2、3、4 号端子。由于电能表的型号不同，各类型的电能表在铅封盖内都有 4 个端子的接线图，如图 2-1 所示。单相电能表一般分为两种接线方式：

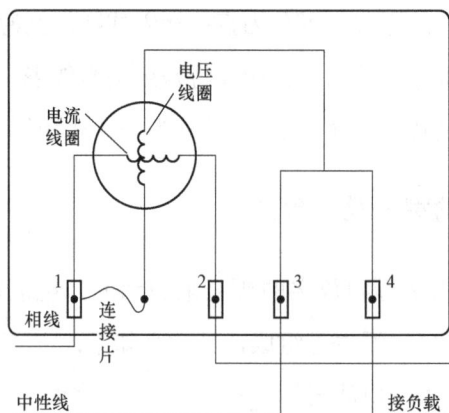

图 2-1　单相电能表原理及接线图

（1）顺入式：1 进火、2 出火、3 进零、4 出零。

（2）跳入式：1 进火、2 进零、3 出火、4 出零。

（四）电能表选用和安装注意事项

（1）根据规程要求，直接接入式的电能表，其基本电流应根据额定最大电流和过载倍数来确定。其中，额定最大电流应按客户报装负荷容量来确定；过载倍数，对于正常运行中的电能表，实际负荷电流达到最大额定电流的 30% 以上的，宜选 2 倍表；实际负荷电流低于 30% 的，应选 4 倍表。

（2）电能表接线较复杂，接线前必须分清电能表的电压正端和电流正端，然后按照技术说明书对号接入。对于三相电能表，还须注意电路的相序。

（3）电能表不宜在小于规定电流的 5% 和大于额定电流的 1.5 倍的情况下长期运行。

（4）半年以上不用的电能表，重新使用时，需重新校正。

（5）电能表安装时，要距热力系统 0.5 m 以上，距地面 0.7 m 以上，便于读取，并垂直安装。

七、功率表

（一）功率表的结构

电动式功率表主要由固定线圈（电流线圈）和可动线圈（电压线圈）组成，固定线圈分成两段，平行排列，可以串联或并联连接，从而得到两种电流量程。在可动线圈的转轴上装有指针和空气阻尼器的阻尼片。游丝的作用除了产生反作用力矩外，还起导流的作用。

（二）功率表的使用

电动式功率表由电动系测量机构和分压电阻构成，其原理电路如图 2-2 所示。固定线圈匝数少，导线粗，与负载串联，流过的电流就是负载电流，反映负载电流的大小，作为电流线圈；可动线圈匝数多，导线细，它在表内与一定阻值的分压电阻 R 串联后再与负载并联，反映负载的电压，作为电压线圈。

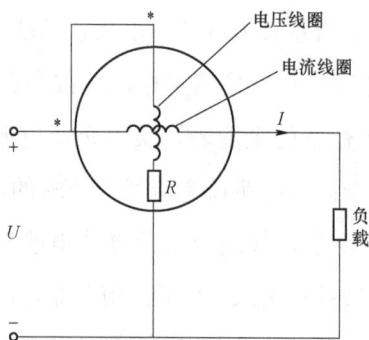

图 2-2　功率表测量原理电路

（1）功率表的量程包括电压线圈和电流线圈的量程，应以此为准选择功率表的量程，即负载的额定电流和电压不超过电流线圈和电压线圈的量程。

（2）正确连接功率表的测量线路

电动式仪表转矩方向与电压线圈和电流线圈中的电流方向有关。因此，规定功率表接线要遵守"发电机端"守则，即"同名端"守则，"同名端"又称为"电源端""极性端"，通常用符号"*"或"±"表示。接线时，应使这两个线圈的同名端接在电路的同一极性上，否则会造成功率表指针的反向偏转。

（3）正确读出功率表的示数

常用的功率表都是多量程的。一般在表的标度尺上不直接标注示数，只标出分格数。

在选用不同的电流与电压量程时，每一分格都可以表示不同的功率数。所测功率 P 与电压、电流量程及仪表分格数之间的关系为

$$P = \frac{被选择的电压量程(V) \times 被选择的电流量程(A)}{仪表满刻度的格数} \times 实测格数$$

第三节　导线的连接

导线是指电线电缆的材料，工业上也指电线。一般由铜或铝制成，也有用银线制成（导电、热性好），用来疏导电流或者是导热。导线的连接在电工中比较常见，且连接方式也较多。

一、线头与线头的连接

导线连接是电工作业的一项基本工序，也是十分重要的工序。导线连接的质量直接关系到整个线路能否安全可靠地长期运行。对导线连接的基本要求是：牢固可靠、接头电阻小、机械强度高、耐腐蚀、耐氧化及电气绝缘性能好。

根据连接的导线种类和连接形式不同，其连接的方法也不同。常用的连接方法是绞合连接。连接前，应小心剥除导线连接部位的绝缘层，不可损伤芯线。

（一）单股导线的连接

1. 单股导线的直接连接

单股小截面导线连接方法为：首先把两根导线的芯线线头做 X 形交叉，然后将它们相互缠绕 2～3 圈后，扳直两线头，再将每根线头在另一芯线上紧密缠绕 5～6 圈后，剪去多余线头。

如遇单股导线截面较大时，导线线头的连接方法为：首先在两根导线的芯线重叠处，填入一根相同直径的芯线，然后用一根线芯截面积约 1.5 mm^2 的裸导线，在其上紧密缠绕，缠绕长度为导线直径的 10 倍左右，再将被连接导线的芯线线头分别折回，紧密缠绕 5～6 圈后，剪去多余线头。

如遇不同截面单股导线连接，先将细导线的芯线在粗导线的芯线上紧密缠绕 5～6 圈，然后将粗导线芯线的线头折回，紧压在缠绕层上，再用细导线芯线在其上继续缠绕3～4圈后，剪去多余线头。

2. 单股导线的分支连接

单股导线的T形连接方法为：将支路芯线的线头紧密缠绕在干路芯线上，且缠绕5～8圈后，剪去多余线头。对于截面较小的芯线，先将支路芯线的线头在干路芯线上打一个环绕结，再紧密缠绕5～8圈后，剪去多余线头。

单股导线的十字分支连接为：将上、下支路芯线的线头紧密缠绕在干路芯线上，且缠绕5～8圈后，剪去多余线头。可将上、下支路芯线的线头向同方向缠绕，也可以向左右两边缠绕。

（二）多股导线的连接

1. 多股导线的直接连接

多股导线的直接连接方法为：先把剥去绝缘层的多股芯线拉直，将其靠近绝缘层约1/3芯线绞合拧紧，而把芯线其余部分做成伞状散开，另一根导线芯线也做同样处理，接着把两伞状芯线相对，互相插入后，压平芯线，然后将每一边的芯线线头分作三组，先将某一边的第一组线头翘起，并紧密缠绕在芯线上，再把第二组线头翘起，并紧密缠绕在芯线上，最后把第三组线头翘起，并紧密缠绕在芯线上。以同样方法缠绕另一边的线头。

2. 多股导线的分支连接

多股导线的T形连接有两种方法。第一种连接方法为：首先将支路芯线折90°弯后，与干路芯线并行，然后将线头折回，并紧密缠绕在芯线上。第二种连接方法为：首先将支路芯线靠近绝缘层的约1/8芯线绞合拧紧，其余7/8芯线分为两组，一组插入干路芯线当中，另一组放在干路芯线前面，并向外缠绕4～5圈，再将插入干路芯线当中的那一组朝左边向内缠绕4～5圈。

3. 单股导线与多股导线的连接

单股导线与多股导线的连接方法为：先将多股导线的芯线绞合拧紧成单

股状，再将其紧密缠绕在单股导线的芯线上 5～8 圈，最后将单股芯线线头折回，并压紧在缠绕部位。

（三）相同方向导线的连接

当连接相同方向导线线头时，对于单股导线，可将一根导线的芯线紧密缠绕在其他导线的芯线上，再将其他芯线的线头折回压紧；对于多股导线，可将两根导线的芯线互相交叉，然后绞合拧紧；对于单股导线与多股导线的连接，可将多股导线的芯线紧密缠绕在单股导线的芯线上，再将单股芯线的线头折回压紧。

二、线头与接线桩的连接

在各种电器或电气装置上，均有接线桩供连接导线使用，常见的接线桩有针孔式、平压式及瓦形接线桩。

（一）针孔式接线桩

端子排、熔断器及电工仪表的接线部位大多利用针孔式接线柱，利用压接螺钉压住线头完成连接。导线芯线直径小，可用一个螺钉压接；若导线芯线直径大，或接头要求较高，则应使用两个螺钉压接。

单股芯线与针孔式接线桩连接时，应按要求的长度将线头折成双股并排插入针孔，且使螺钉紧压双股芯线的中间。如果线头较粗，双股插不进针孔，也可直接用单股，需把线头稍微朝着针孔上方弯曲，然后把芯线插入针孔，以防压紧螺钉稍松时线头脱出。

导线与针孔式接线桩的连接步骤如下：

（1）剥去导线的绝缘保护层，露出芯线，芯线长度约等于接线桩长度。

（2）导线芯线直径与针孔大小合适时，直接将芯线插入针孔内，用螺钉紧固。

（3）当针孔大，单股芯线直径太小，不能压紧时，应将芯线折成双股，然后把双股芯线插入针孔内，并用螺钉紧固。

（4）当针孔大，多股芯线直径太小，不能压紧时，应在多股芯线上密绕一圈股线，然后插入针孔内，并用螺钉紧固。

（5）当针孔小，多股芯线直径太大，不能插入时，可以剪掉几根股线，然后绞紧芯线后插入针孔内，并用螺钉紧固。

（二）平压式接线桩

导线芯线与平压式接线桩的连接，是把螺钉套上垫片，利用垫片压紧芯线，从而既增加了芯线与螺钉的接触面积，又牢固地固定了芯线。

导线与平压式接线桩的连接步骤如下：

（1）剥去导线的绝缘保护层，露出芯线。

（2）把导线芯线插入平压式接线桩垫片下方。

（3）把芯线顺时针方向缠绕垫片大半圈，再剪去多余芯线。

（4）用尖嘴钳收紧端头，拧紧螺钉。

（5）多股软芯线与平压式接线桩连接时，应先将芯线绞紧，然后顺时针绕进垫片一圈，最后沿线头根部绕两圈，剪去多余芯线，拧紧螺钉。

（三）瓦形接线桩

瓦形接线桩的垫片为瓦形，为了防止导线线头从瓦形接线桩内滑落，压接前应把导线芯线去除氧化层和污物，并弯成 U 形。

导线与瓦形接线桩的连接步骤如下：

（1）剥去导线的绝缘保护层，露出芯线，除去氧化层和污物。

（2）把单股芯线弯成 U 形，且 U 形直径略大于螺钉直径。

（3）松动瓦形接线桩螺钉，使瓦形垫片松动。

（4）把制作好的芯线放入接线桩上。

（5）拧紧瓦形接线桩螺钉，使瓦形垫片压紧芯线。

（6）如遇两根导线同时接在一个瓦形接线桩时，把两根单股芯线的线端都弯成 U 形，然后一起放入接线桩，拧紧螺钉，用瓦形垫片压紧芯线。

（7）如遇瓦形接线桩两侧有挡板，则不用把芯线弯成 U 形，只需松开螺钉，芯线直接插入瓦片下，拧紧螺钉。

（8）芯线的长度应比接线桩瓦片的长度大 2～3 mm，且导线绝缘离接线桩的距离不应大于 2 mm。

（9）当芯线直径太小，接线桩压不紧时，应将线头折成双股或多股插入。

三、线头绝缘的恢复

在导线连接过程中，导线连接处的绝缘层已被去除，导线连接完成后，须对裸露导线进行绝缘处理，以恢复导线的绝缘性能，恢复后的绝缘强度应不低于导线原有的绝缘强度。

（一）绝缘材料

绝缘材料又称电介质，是指在直流电压作用下，不导电或导电极微的物质，一般绝缘材料的电阻率大于 10^{10} Ω·m。绝缘材料的主要作用是在电气设备中将不同电位的带电导体隔离开，还起支撑、固定、灭弧、防潮或保护导体的作用。因此，要求绝缘材料有尽可能高的绝缘电阻、耐热性、耐潮性及机械强度。

1. 绝缘材料的分类

绝缘材料一般可分为气体绝缘材料、液体绝缘材料和固体绝缘材料。

（1）气体绝缘材料

气体绝缘材料不仅要具有良好的绝缘性能，还应满足物理和化学性能。常用的气体绝缘材料有空气和六氟化硫气体。

六氟化硫（SF_6）气体是一种不易燃烧、不易爆炸、无色无味的气体，它具有远高于空气的绝缘性能和灭弧能力，广泛应用在高压电器中。六氟化硫气体还具有良好的热稳定性和化学稳定性，但在 600 ℃以上的高温作用下，六氟化硫气体会发生分解，将产生有毒物质。因此，在使用六氟化硫气体时，应注意以下几个方面：

① 严格控制含水量，做好除湿和防潮措施；

② 使用适当的吸附剂，吸收其有害物质及水分；

③ 使用在断路器中的六氟化硫气体，其压力不能过高，防止液化；

④ 放置六氟化硫设备的场所，应有良好的通风条件。

（2）液体绝缘材料

绝缘油可分为天然矿物油、天然植物油和合成油。天然矿物油是从石油原油精制提炼而得到的电器绝缘油。天然矿物油也是一种中性液体，呈金黄色，具有很好的化学稳定性和电气稳定性，主要用于电力变压器、少油断路器、高压电缆、油浸式电容器等设备。天然植物油有蓖麻油和大豆油。合成油有氧化联苯甲基硅油、苯甲基硅油等，主要用于电力变压器、高压电缆及油浸纸介电容器中。

为了确保充油设备的安全运行，须经常检查油的油温、油位、油的闪点、酸值、击穿强度和介质损耗角正切值，必要时还须进行变压器油的色谱分析。

（3）固体绝缘材料

固体绝缘材料的绝缘性能优良，被广泛用于电力系统。固体绝缘材料的种类很多，常用的有绝缘漆、绝缘胶、橡胶、塑料、玻璃、陶瓷、云母及石棉等。

绝缘胶主要用于浇注电缆接头、套管、电流互感器及电压互感器。常用绝缘胶有黄电缆胶、黑电缆胶、环氧电缆胶、环氧树脂胶及环氧聚酯胶。

2. 绝缘材料的性能指标

为防止绝缘材料的绝缘性能损坏而造成事故，须使绝缘材料符合相关的性能指标。绝缘材料的性能指标很多，其主要性能指标有击穿强度、耐热性、绝缘电阻及机械强度等。

（1）击穿强度。绝缘材料在一定电场强度的作用下，将失去绝缘性能而损坏，这种现象叫作击穿。绝缘材料被击穿时的电场强度，叫作击穿强度，单位为 kV/mm。

（2）耐热性。当温度升高时，绝缘材料的电阻、击穿强度、机械强度等性能一般都会降低。不同绝缘材料的耐热程度也不同，耐热等级可分为 Y（90 ℃）、A（105 ℃）、E（120 ℃）、B（130 ℃）、F（155 ℃）、H（180 ℃）、N（200 ℃）、R（220 ℃）及 250 ℃以上等多个等级。

（3）绝缘电阻。绝缘材料的电阻值称为绝缘电阻，一般绝缘电阻可达几十兆欧以上。绝缘电阻因温度、厚薄及状况的不同会存在较大差异。绝缘材料的电阻率虽然很高，但在一定电压作用下，会有微小电流通过，这种电流称为泄漏电流。

（4）机械强度。根据各种绝缘材料的具体要求，相应规定的抗张、抗压、抗弯、抗剪、抗撕及抗冲击等各种强度指标，统称为机械强度。

（二）线头绝缘包缠方法

导线连接好后，须用绝缘胶带包扎好，恢复后的绝缘强度应不低于原绝缘材料。常用黄蜡带、涤纶薄膜带、黑胶布及塑料来包缠线头，作为恢复绝缘的材料。线头绝缘包缠的具体步骤为：① 将导线连接好后，先用黄蜡带或涤纶带紧缠两层，然后再用黑胶布带缠两层。缠绕胶布时，应用斜叠法，即每圈压叠带宽二分之一，且第一层缠好后，再向另一斜叠方向缠绕第二层。② 在缠绕绝缘胶带时，应用力拉紧，且包缠紧密、坚实，并黏结在一起，这样可以防潮。缠好的绝缘胶带不能漏出芯线，以防发生事故。③ 在缠绕低压线路芯线时，如使用黑胶布只作绝缘恢复用，须至少缠绕四层，室外应至少缠绕六层。

1. 一字形接头的绝缘包缠方法

一字形接头是常见的导线连接方法之一，具体缠绕方法如下：

（1）包缠时，先包缠一层黄蜡带，再包缠一层黑胶带。

（2）在包缠黄蜡带时，从接头左边绝缘完好的绝缘层上开始包缠，包缠两圈后进入剥除了绝缘层的芯线部分。

（3）在包缠黄蜡带时，还应与导线成 55° 左右倾斜角，每圈压叠带宽的二分之一，直至包缠到接头右边两圈距离的完好绝缘层处。

（4）然后将黑胶带接在黄蜡带的尾端，按另一斜叠方向从右向左包缠，每圈压叠带宽的二分之一，直至将黄蜡带完全包缠住。

（5）包缠过程中，应用力拉紧胶带，注意不可稀疏，更不能露出芯线，以保绝缘质量和用电安全。对于 220 V 及以下线路，也可不用黄蜡带，只用黑胶带或塑料胶带包缠两层。

2. T 字形接头的绝缘包缠方法

T 字形接头的绝缘处理方法，基本与一字形接头绝缘包缠法相同。T 字形接头的包缠须缠绕一个 T 字形的路线，使每根导线上都包缠两层绝缘胶带，每根导线都应包缠到完好绝缘层的两倍胶带宽度处。

3. 十字形接头的绝缘包缠方法

十字形接头的绝缘处理方法，基本与一字形接头绝缘包缠法相同。对十字形接头进行绝缘处理时，其包缠须缠绕一个十字形的路线，使每根导线上都包缠两层绝缘胶带，每根导线都应包缠到完好绝缘层的两倍胶带宽度处。

（三）热缩管

热缩管是一种特制的聚烯烃材质的热收缩套管，常用于包裹导线或设备。热缩管由内外两层复合加工而成，外层采用优质柔软的交联聚烯烃材料，具有绝缘防蚀和耐磨的特点，而内层采用热熔胶材料，具有熔点低、防水密封和高黏结性的优点。

1. 热缩管的分类

根据热缩管的材料不同，可将热缩管分为 PVC、PET 及含胶热缩管。

（1）PVC 热缩管。PVC 热缩管具有遇热收缩的特殊功能，把 PVC 热缩管加热到 98 ℃以上，即可收缩，使用方便。PVC 热缩管按耐温性，可分为 85 ℃和 105 ℃两大系列，规格有 $\phi2$ mm～$\phi200$ mm。PVC 热缩管可用于低压室内母线铜排、接头、线束的标识及绝缘外包裹。

（2）PET 热缩管。与 PVC 热缩管对比，PET 热缩管不仅具有较好的耐热性、电绝缘性能及力学性能，而且 PET 热缩管无毒，对人体和环境不会产生毒害影响，更符合环保要求。PET 热缩管可用于电解设备、电子元器件、充电电池、玩具及医疗器械的外包裹。

（3）含胶热缩管。含胶热缩管成型后，经电子加速器辐照交联、连续扩张而制成。外层具有柔软、低温收缩、绝缘、防腐、耐磨等优点；内层具有低熔点、黏附力好、防水密封和机械应变缓冲性能等优点。含胶热缩管可用于电子设备的接线密封，多股线束的密封、电线电缆分支处的密封、金属管线的防腐及水泵的接线，用于防水和防漏气。

2. 热缩管的特点

热缩管的使用比较普遍，因为热缩管主要有以下特点：

（1）热缩管的耐热性、电绝缘性能及力学性能较好；

（2）热缩管具有无毒性，对人体和环境不会产生毒害影响，符合环保要求；

（3）热缩管具有优良的阻燃、绝缘性能，且非常柔软有弹性，另外热缩管的收缩温度低、收缩快，被广泛应用。

3. 热缩管的使用

热缩管被广泛应用于各种电池、线束、电感元件、焊点的绝缘保护，伸缩杆及金属管、棒的防锈、防蚀。在使用热缩管时，应注意以下事项：

（1）收缩量较少时，可使用酒精灯和热风枪加热热缩管，进行加热收缩；

（2）收缩量较多时，可使用水蒸气及烘箱加热热缩管；

（3）根据被包裹物的大小，选用合适直径的热缩管；

（4）管理好加热设备，防止烫伤。

第三章　电子元器件的介绍

第一节　电阻器和电容器

每一个电子产品的整体构造都是由具备特定电路功能的电路、组件以及工艺结构所组成的。电路设计、结构设计、工艺设计、电子元器件和原材料决定了电气性能、质量和可靠性等各方面的优劣程度。在电路原理设计、结构设计和工艺设计中，元器件和原材料起到了核心的参考作用。在电路中，电子元器件被视为拥有独立电气功能的核心部件。在各种电子产品中，元器件扮演着至关重要的角色，尤其是那些普遍使用的电子元器件，它们是电子产品中不可或缺的核心材料。对于电子产品的设计和制造来说，深入了解并掌握各种元器件的特性、功能和使用方法是至关重要的。

一、电子元器件概述

电子元器件是在电路中具有独立电气功能的基本单元，是实现电路功能的主要元素，是电子产品的核心部件。任何一种电子产品都由各种所需的电子元器件组成电路，从而实现相应的功能。

电子元器件的发展经历了以电子管为核心的经典电子元器件时代和以

半导体分离器件为核心的小型化电子元器件时代，目前已进入以高频和高速处理集成电路为核心的微电子元器件时代，如表 3-1 所示。

表 3-1　电子元器件的发展阶段

发展阶段	经典电子元器件	小型化电子元器件	微电子元器件
核心有源器件	电子管	半导体分立器件（含低频低速集成电路）	高频高速处理集成电路
整机装联工艺	以薄铁板为支撑，通过管座和支架利用引线和导线将元器件连接起来，并采用手工钎焊装联	以插装方式将元器件安装在有通孔的印制电路板上。印制电路板既作为支撑又用其铜图形做导体连接各种元器件。采用手工和自动插装机及波峰焊为主	以表面（SMT）和芯片尺寸贴装（CSP）等方式将元器件安装在相应的印制电路板（表面贴装和高密度互连印制电路板）上；采用自动贴装或智能化混合安装及再流焊、双波峰焊设备等装联设备
微子元器件技术与生产特点	高电压、大体积、类型和品种少、长引线或管座、结构简单；生产规模小，年生产规模以万计；以工、夹具和简单机械设备方式生产	小型化、低电压、高可靠、高稳定、类型和品种大幅增多；出现功能性和组合元器件，年生产规模多以亿计；产品和零部件专业化生产	小型化，适用于表面安装。高频特性好，宽带一致性、高可靠、高稳定、高精度、低功耗、多功能、组件化、智能化、模块化；具有尽可能小的寄生参数，有固定阻抗、EMI/RF 要求；类型、品种之间及其消长关系有新的规律；年生产规模多以十亿、百亿计；自动生产环境有不同的净化要求；零部件、工序的专业化

微电子元器件涵盖了集成电路、混合集成电路、片状和扁平型元件，以及机电组件和片式半导体分立器件等多种类型。微电子技术指的是利用微细工艺制造的集成电路。随着集成电路的集成度和复杂性显著增加、线宽变得越来越细，以及使用铜导线，其基频和处理速度也得到了显著提升。因此，在电子线路中，其周围的其他元器件必须具备相应的处理速度，以完成各自的功能。因此，为了深入了解元器件的进展，我们需要从整体设备和系统的角度进行分析。

上述关于电子元器件发展阶段的分类最初是在 21 世纪初提出的。然而，近几年电子技术和电子产业的快速发展导致了新技术和新产品的不断出现。特别是随着智能产品和系统逐渐普及，我们已经进入了一个智能化的时代。与此同时，鉴于量子技术取得了新的进展，信息技术有望步入被称为"量子时代"的新阶段。

二、电阻器

各种导体材料对通过的电流总呈现一定的阻碍作用，并将电流的能量转换成热能，这种阻碍作用称为电阻。具有电阻性能的实体元件称为电阻器。加在电阻器两端的电压 U 与通过电阻器的电流 I 之比称为该电阻器的电阻值 R，单位为 Ω，即：

$$R = \frac{U}{I}$$

电阻器一般分为固定电阻器、敏感电阻器和电位器（可变电阻器）三大类。

（一）固定电阻器

阻值固定、不能调节的电阻器称为固定电阻器。电阻是耗能元件，在电路中用于分压、分流、滤波、耦合、作为负载等。

电阻器按照其制造材料的不同，又可分为碳膜电阻（用 RT 表示）、金属膜电阻（用 RJ 表示）和线绕电阻（用 RX 表示）等几种。碳膜电阻器是通过气态碳氢化合物在高温和真空中分解，碳微粒形成一层结晶膜沉积在磁棒上制成的。它采用刻槽的方法控制电阻值，其价格低，应用普遍，但热稳定性不如金属膜电阻好。金属膜电阻器是在真空中加热合金至蒸发，使磁棒表面沉积出一层导电金属膜而制成的。通过刻槽或改变金属膜厚度，可以调整其电阻值。这种产品体积小、噪声低，稳定性良好，但成本略高。线绕电阻是用康铜丝或锰铜丝缠绕在绝缘骨架上制成的。它具有耐高温、精度高、功率大等优点，在低频的精密仪表中应用广泛。

1. *型号命名方法*

国产电阻器的型号命名一般由四个部分组成，第一部分为名称，电阻器用 R 表示；第二部分为材料，用字母表示电阻器的导电材料，如表 3-2 所示；第三部分为分类，一般用数字表示，个别类型用字母表示，如表 3-3 所示；

第四部分为序号，表示同类产品的不同品种。

表3-2　电阻器的材料、符号意义对照表

符号	意义	符号	意义
G	沉积膜	S	有机实芯
H	合成碳膜	T	碳膜
I	玻璃釉	X	线绕
J	金属膜	Y	氧化膜
N	无机实芯		

表3-3　电阻器的类型、符号意义对照表

符号	意义	符号	意义
1	普通	8	高压
2	普通或阻燃	9	特殊
3	超高频	C	防潮
4	高阻	G	高功率
5	高温	T	可调
7	精密	X	小型

2. 主要特性参数

电阻器的主要特性参数有标称阻值、允许误差和额定功率等。

（1）标称阻值

标称阻值是在电阻器上标注的电阻值。目前电阻器标称阻值有三大系列：E24、E12、E6，其中 E24 系列最全，电阻器标称值如表3-4 所示。

表3-4　电阻器标称值

标称值系列	允许误差/%	标称阻值
E24	±5（Ⅰ级）	1.0、1.1、1.2、1.3、1.5、1.6、1.8、2.0、2.4、2.7、3.0、3.3、3.6、3.9、4.3、4.7、4.1、4.6、6.2、6.8、7.5、8.2、9.1
E12	±10（Ⅱ级）	1.0、1.2、1.5、1.8、2.2、2.7、3.3、3.9、4.7、4.6、6.8、8.2
E6	±20（Ⅲ级）	1.0、1.5、2.2、3.3、4.7、6.8

电阻值的基本单位是"欧姆",用字母"Ω"表示,此外,常用的还有千欧(kΩ)和兆欧(MΩ)。它们之间的换算关系为:$1\ M\Omega=10^3\ k\Omega=10^6\ \Omega$。

(2)允许误差

标称阻值与实际阻值的差值跟标称阻值之比的百分数称为阻值偏差,它表示电阻器的精度。误差越小,电阻精度越高。电阻器误差用字母或级别表示,如表 3-5 所示。

表 3-5 字母表示误差的含义

文字符号	误差/%	文字符号	误差/%	文字符号	误差/%
Y	±0.001	W	±0.05	G	±2
X	±0.002	B	±0.1	J	±5(Ⅰ级)
E	±0.005	C	±0.25	K	±10(Ⅱ级)
L	±0.01	D	±0.5	M	±20(Ⅲ级)
P	±0.02	F	±1	N	±30

(3)额定功率

额定功率是在正常的大气压为 90～106.6 kPa 及环境温度为 $-55\sim70\ ℃$ 的条件下,电阻器长期工作而不改变其性能所允许承受的最大功率。电阻器额定功率的单位为"瓦",用字母"W"表示。

电阻器常见的额定功率一般分为 1/8 W、1/4 W、1/2 W、1 W、2 W、3 W、4 W、5 W、10 W 等,其中 1/8 W 和 1/4 W 的电阻较为常用。

3.标注方法

(1)直标法

直标法是将电阻器的主要参数直接标注在电阻器表面的标志方法。允许误差直接用百分数表示,若电阻器上未标注偏差,则其偏差均为±20%。

(2)文字符号法

文字符号法是用数字和文字符号两者有规律的组合来表示标称阻值的标志方法,其允许误差也用文字符号表示。符号Ω、k、M 前面的数字表示阻值的整数部分，后面的数字依次表示第一位小数阻值和第二位小数阻值。如标识为 5 k7 中的 k 表示电阻的单位为 kΩ，即该电阻器的阻值为 5.7 kΩ。

（3）数码法

数码法是采用三位数字来表示标称值的标志方法。数字从左到右，第一、二位为有效数字，第三位为指数，即"0"的个数，单位为"欧姆"。允许误差采用文字符号表示。如标识为 222 的电阻器，其阻值为 2 200 Ω，即 2.2 kΩ；标识为 105 的电阻器，其阻值为 1 000 000 Ω，即 1 MΩ。

（4）色标法

色标法是采用不同颜色的带或点在电阻器表面标出标称值和允许误差的标志方法。色标法多用于小功率的电阻器，特别是 0.5 W 以下的金属膜和碳膜电阻器较为普遍，可分为三环、四环和五环 3 种。不同的颜色代表不同的数字。

三环表示法的前两位表示有效数字，第三位表示乘数；四环表示法的前两位表示有效数字，第三位表示乘数，第四位表示允许误差；五环表示法的前三位表示有效数字，第四位表示乘数，第五位表示允许误差。

对于色标法，首色环的识别很重要，判断方法有以下几种：① 首色环与第二色环之间的距离比末位色环与倒数第二色环之间的间隔要小。② 金、银色环常用米表示电阻误差，即金、银色环一般放在末位。③ 与末位色环的位置相比，首位色环更靠近引线端，因此可以利用色环与引线端的距离来判断哪个是首色环。④ 如果电阻上没有金、银色环，并且无法判断哪个色环更靠近引线端，可以用万用表检测实际阻值，根据测量值可以判断首位有效数字及乘数。

4. 电阻器的测量

电阻的识别是在电阻上标志完整的情况下进行的，但有时也会遇到电阻上无任何标记，或要对某些未知的电阻进行测量等情况，此时就要进行电阻的测量。电阻测量的方法有三种：万用表测量法、直流电桥测量法、伏安表测量法。万用表是测量电阻的常用仪表，万用表测量电阻法也是常用的测量方法，它具有测量方便、灵活等优点，但其测量精度低。所以在需要精确测量电阻时，一般采用直流电桥进行测量。

用万用表测量电阻时应注意以下几点：

（1）测量前万用表欧姆档调零

万用表欧姆档调零就是在万用表选择"Ω"档后，将万用表的红、黑表笔短接，调节万用表，使万用表显示为"0"。将万用表欧姆档调零是测量电阻值之前必不可少的步骤，而且万用表每个档都要进行调零处理，否则在测量时会出现较大的误差。

（2）选择适当的量程

由于万用表有多个欧姆档，所以在测量时要恰当选择测量档。如万用表有 200 Ω、2 kΩ、20 kΩ等几个档，则测量电阻时应尽量选择与被测电阻阻值最相近且高于其阻值的欧姆档。例如，测量 680 Ω的电阻，应选择 2 kΩ档最为合适。

（3）注意测量方法

在进行电阻的测量过程中，手部不能同时接触到电阻引出线的两端，尤其是在测量阻值较高的电阻时，如果手部的电阻被并入测量电路，可能会导致较大的测量误差；当我们进行小阻值电阻的测量时，必须特别关注万用表的表笔与电阻引出线之间是否有良好的接触。如果需要，可以使用砂布擦去被测量电阻引脚的氧化层，这样才能进行测量。否则，氧化层的不良接触，可能会导致较大的测量误差。当进行在线电阻测量时，应在断电状态下操作，并将电阻的一端引脚从电路板上焊接下来，然后再进行测量。

（二）敏感电阻器

敏感电阻器是指其阻值对某些物理量（如温度、电压等）表现敏感的电阻器，其型号命名一般由 3 个部分组成，依次分别代表名称、用途、序号等。敏感电阻器的符号、意义对照表如表 3-6 所示。

表 3-6　敏感电阻器的符号、意义对照表

符号	意义	符号	意义
MC	磁敏电阻	MQ	气敏电阻
MF	负温度系数热敏电阻	MS	湿敏电阻
MG	光敏电阻	MY	压敏电阻
ML	力敏电阻	MZ	正温度系数热敏电阻

1. 压敏电阻器

压敏电阻器是使用氧化锌作为主材料制成的半导体陶瓷器件，是对电压变化非常敏感的非线性电阻器。在一定温度和一定的电压范围内，当外界电压增大时，其阻值减小；当外界电压减小时，其阻值反而增大。因此，压敏电阻器能使电路中的电压始终保持稳定。其常用于电路的过压保护、尖脉冲的吸收、消噪等，使电路得到保护。

压敏电阻器用数字表示型号分类中更细的分类号。

压敏电压用 3 位数字表示，前两位数字为有效数字，第三位数字表示 0 的个数。如 390 表示 39 V，391 表示 390 V。

瓷片直径用数字表示，单位为 mm，分为 5 mm、7 mm、10 mm、14 mm、20 mm 等。电压误差用字母表示，J 表示±5%，K 表示±10%，L 表示±15%，M 表示±20%。

例如，MYD07 K680 表示标称电压为 68 V，电压误差为±10%，瓷片直径为 7 mm 的通用型压敏电阻器；MYG20G05K151 表示压敏电压（标称电压）为 150 V，电压误差为±10%，瓷片直径为 20 mm，而且是浪涌抑制型压敏电阻器。（原"瓷片直径为 5 mm"错误，根据型号 MYG20G05K151 中 20 判断应为 20 mm）。

2. 热敏电阻器

热敏电阻器是用热敏半导体材料经一定的烧结工艺制成的，这种电阻器受热时，阻值会随着温度的变化而变化。热敏电阻器有正、负温度系数型之

分。正温度系数型电阻器随着温度的升高，其阻值增大；负温度系数型电阻器随着温度的升高，其阻值反而下降。

（1）正温度系数热敏电阻器

当温度升高时，其阻值也随之增大，而且阻值的变化与温度的变化成正比，当其阻值增大到最大值时，阻值将随温度的增加而开始减小。正温度系数热敏电阻器随着产品品种的不断增加，应用范围也越来越广，除了用于温度控制和温度测量电路外，还大量应用于电视机的消磁电路、电冰箱、电熨斗等家用电器中。

（2）负温度系数热敏电阻器

它的最大特点为阻值与温度的变化成反比，即阻值随温度的升高而降低，当温度大幅升高时，其阻值也大幅下降。负温度系数热敏电阻器的应用范围很广，如用于家电类的温度控制、温度测量、温度补偿等。空调器、电冰箱、电烤箱、复印机的电路中普遍采用了负温度系数热敏电阻器。

3. 光敏电阻器

光敏电阻器的种类很多，根据光敏电阻器的光敏特性，可将其分为可见光光敏电阻器、红外光光敏电阻器及紫外光光敏电阻器。根据光敏层所用半导体材料的不同，又可分为单晶光敏电阻器与多晶光敏电阻器。

光敏电阻器的最大特点是对光线非常敏感，电阻器在无光线照射时，其阻值很高，当有光线照射时，阻值很快下降，即光敏电阻器的阻值是随着光线的强弱而发生变化的。光敏电阻器的应用比较广泛，其主要用于各种光电自动控制系统，如自动报警系统、电子照相机的曝光电路，还可以用于非接触条件下的自动控制等。

光敏电阻器在未受到光线照射时的阻值称为暗电阻，此时流过的电流称为暗电流。在受到光线照射时的电阻称为亮电阻，此时流过的电流称为亮电流。亮电流与暗电流之差称为光电流。一般暗电阻越大，亮电阻越小，则光敏电阻器的灵敏度越高。光敏电阻器的暗电阻值一般在兆欧数量级，亮电阻值则在几千欧以下。暗电阻与亮电阻之比一般为 $10^2 \sim 10^6$。

由于光敏电阻器对光线特别敏感，有光线照射时，其阻值迅速减小；无光线照射时，其阻值为高阻状态。因此在选择时，应首先确定控制电路对光敏电阻器的光谱特性有何要求，到底是选用可见光光敏电阻器还是选用红外光光敏电阻器。另外选择光敏电阻器时还应确定亮阻、暗阻的范围。此项参数的选择是关系到控制电路能否正常动作的关键，因此必须予以认真确定。（原"；因此"处分号使用不当，应改为句号）

4. 湿敏电阻器

湿敏电阻器是对湿度变化非常敏感的电阻器，能在各种湿度环境中使用。它是将湿度转换成电信号的换能器件。正温度系数湿敏电阻器的阻值随湿度的升高而增大，在录像机中使用的就是正温度系数湿敏电阻器。

按阻值变化的特性可将其分为正温度系数湿敏电阻器和负温度系数湿敏电阻器。按其制作材料又可分为陶瓷湿敏电阻器、高分子聚合物湿敏电阻器和硅湿敏电阻器等。其特点有如下几个方面：① 湿敏电阻器是对湿度变化非常敏感的电阻器，能在各种湿度环境中使用。② 它是将湿度转换成电信号的换能元件。③ 正温度系数湿敏电阻器的阻值随湿度升高而增大，如在录像机中使用的就是正温度系数湿敏电阻器。④ 湿敏元件能反映环境湿度的变化，并通过元件材料的物理或化学性质的变化，将湿度变化转换成电信号。对湿敏元件的要求是，在各种气体环境湿度下的稳定性好，寿命长，耐污染，受温度影响小，响应时间短，有互换性，成本低等。

湿敏电阻器的选用应根据不同类型的不同特点以及湿敏电阻器的精度、湿度系数、响应速度、湿度量程等进行选择。例如，陶瓷湿敏电阻器的感湿温度系数一般在 0.07%RH/℃左右，可用于中等测湿范围的湿度检测，可不考虑湿度补偿。如 MSC-1 型、MSC-2 型则适用于空调器、恒湿机等。

（三）电位器

可变电阻器是指其阻值在规定的范围内可任意调节的变阻器，它的作用是改变电路中电压、电流的大小。可变电阻器可以分为半可调电阻器和电位器两类。半可调电阻器又称微调电阻器，它是指电阻值虽然可以调节，但在使用时经常固定在某一阻值上的电阻器。这种电阻器一经装配，其阻值就固定在某一数值上，如晶体管应用电路中的偏流电阻器。在电路中，如果需做偏置电流的调整，只要微调其阻值即可。电位器是在一定范围内阻值连续可变的一种电阻器。

1. 电位器的主要参数

电位器的主要参数有标称阻值、零位电阻、额定功率、阻值变化特性、分辨率、滑动噪声、耐磨性和温度系数等。

（1）标称阻值、零位电阻和额定功率

电位器上标注的阻值称为标称阻值，即电位器两定片端之间的阻值；零位电阻是指电位器的最小阻值，即动片端与任一定片端之间的最小阻值；电位器额定功率是指在交、直流电路中，当大气压为 87～107 kPa 时，在规定的额定温度下，电位器长期连续负荷所允许消耗的最大功率。

（2）电位器的阻值变化特性

阻值变化特性是指电位器的阻值随活动触点移动的长度或转轴转动的角度变化而变化的关系，即阻值输出函数特性。常用的函数特性有 3 种，即指数式、对数式、线性式。

（3）电位器的分辨率

电位器的分辨率也称分辨力。对线绕电位器来讲，当动接触点每移动一圈时，其输出电压的变化量与输出电压的比值即为分辨率。直线式绕线电位器的理论分辨率为绕线总匝数的倒数，并以百分数表示。电位器的总匝数越多，分辨率越高。

（4）电位器的动噪声

当电位器在外加电压作用下，其动接触点在电阻体上滑动时，产生的电噪声称为电位器的动噪声。动噪声是滑动噪声的主要参数，其大小与转轴速度、接触点和电阻体之间的接触电阻、电阻体电阻率的不均匀变化、动接触点的数目以及外加电压的大小有关。

2. 常用的电位器

（1）合成碳膜电位器

合成碳膜电位器的电阻体是用碳膜、石墨、石英粉和有机粉合剂等配成一种悬浮液，涂在玻璃釉纤维板或胶纸上制作而成的。其制作工艺简单，是目前应用最广泛的电位器。合成碳膜电位器的优点是阻值范围宽，分辨率高，并且能制成各种类型的电位器，寿命长，价格低，型号多。其缺点为功率不太高，耐高温性差，耐湿性差，且阻值低的电位器不容易制作。

（2）有机实芯电位器

有机实芯电位器是一种新型电位器，它是用加热塑压的方法，将有机电阻粉压在绝缘体的凹槽内。有机实芯电位器与碳膜电位器相比，具有耐热性好、功率大、可靠性高、耐磨性好的优点。但其温度系数大，动噪声大，耐湿性能差，且制造工艺复杂，阻值精度较差。这种电位器常在小型化、高可靠、高耐磨性的电子设备以及交、直流电路中用于调节电压、电流。

（3）金属膜电位器

金属膜电位器是由金属合成膜、金属氧化膜、金属合金膜和氧化钽膜等几种材料经过真空技术沉积在陶瓷基体上制作而成的。其优点是耐热性好，分布电感和分布电容小，噪声电动势很低。其缺点是耐磨性不好，阻值范围小（$100\,\Omega \sim 100\,k\Omega$）。（原"组织范围"错误，应为"阻值范围"）

（4）线绕电位器

线绕电位器是将康铜丝或镍铬合金丝作为电阻体，并把它绕在绝缘骨架上制成的。线绕电位器的优点是接触电阻小，精度高，温度系数小。其缺点是分辨率差，阻值偏低，高频特性差。其主要用作分压器、变压器、仪器中调零和调整工作点等。

（5）数字电位器

数字电位器取消了活动件，是一个半导体集成电路。其优点为调节精度高，没有噪声，有极长的工作寿命，无机械磨损，数据可读/写，具有配置寄存器和数据寄存器，以及多电平量存储功能，易于用软件控制，且体积小，易于装配。它适用于家庭影院系统、音频环绕控制、音响功放和有线电视设备。

3. 电位器的测量

（1）电位器标称阻值的测量

电位器有 3 个引线片，即两个端片和一个中心抽头触片。测量其标称阻值时，应选择万用表欧姆档的适当量程，将万用表两表笔搭在电位器两端片上，万用表指针所指的电阻数值即为电位器的标称阻值。

（2）性能测量

性能测量主要是测量电位器的中心抽头触片与电阻体接触是否良好。测量时，将电位器的中心触片旋转至电位器的任意一端，并选择万用表欧姆档的适当量程，将万用表的一支表笔搭在电位器两端片的任意一片上，另一支表笔搭在电位器的中心抽头触片上。此时，万用表上的读数应为电位器的标称阻值或为 0。然后缓慢旋转电位器的旋钮至另一端，万用表的读数会随着电位器旋钮的转动从标称阻值开始连续不断地下降或从 0 开始连续不断地上升，直到下降为零或上升到标称阻值。

三、电容器

电容器是一个储能元件，用字母 C 表示。顾名思义，电容器就是"储存电荷的容器"。尽管电容器品种繁多，但它们的基本结构和原理是相同的。两片相距很近的金属中间被某物质（固体、气体或液体）所隔开，就构成了电容器。两片金属称为极板，中间的物质叫作介质。电容器在电路中具有隔断直流电、通过交流电的作用。常用于耦合、滤波、去耦、旁路及信号调谐等方面，它是电子设备中不可缺少的基本元件。

（一）电容器的种类及符号

电容器可分为固定式电容器和可变式电容器两大类。固定式电容器是指电容量固定不能调节的电容器，而可变式电容器的电容量是可以调节变化的。按其是否有极性来分类，可分为无极性电容器和有极性电容器。常见的无极性电容器按其介质的不同，又可分为纸介电容器、油浸纸介电容器、金属化纸介电容器、有机薄膜电容器、云母电容器、玻璃釉电容器和陶瓷电容器等。有极性电容器按其正极材料的不同，又可分为铝电解电容器、钽电解电容器和铌电解电容器。

电容器的常用标注单位有：法拉（F）、微法（μF）、皮法（pF），也有使用 mF 和 nF 单位进行标注的。它们之间的换算关系为

$$1 \text{ F}=10^3 \text{ mF}=10^6 \text{ μF}=10^9 \text{ nF}=10^{12} \text{ pF}$$

（二）电容器的型号命名方法

国产电容器的型号命名由四部分组成：第一部分用字母"C"表示主称为电容器；第二部分用字母表示电容器的介质材料，各字母表示的含义如表 3-7 所示；第三部分用数字或字母表示电容器的类别，如表 3-8 所示；第四部分用数字表示序号。

表 3-7　用字母表示产品的材料

字母	电容器介质材料	字母	电容器介质材料
A	钽电解	L	聚酯等极性有机薄膜
B	聚苯乙烯等非极性薄膜	LS	聚碳酸酯等极性有机薄膜
C	高频陶瓷	N	铌电解
D	铝电解	0	玻璃膜
E	其他材料电解	Q	漆膜
G	合金电解	ST	低频陶瓷
H	纸膜复合介质	VX	云母纸
I	玻璃釉	Y	云母
J	金属化纸介	Z	纸

表 3-8　用数字或字母表示产品的材料

数字代号	分类意义				字母代号	分类意义
	瓷介	云母	有机	电解		
1	圆形	非密封	非密封	箔式	GT	高功率
2	管形	非密封	非密封	箔式		
3	叠片	密封	密封	烧结粉液体		
4	独石	密封	密封	烧结粉固体		
5	穿心					
6	支柱等				W	微调
7				无极性		
8	高压	高压	高压			
9			特殊	特殊		

（三）电容器的主要参数

电容器的主要参数有标称容量、允许误差、额定电压、频率特性、漏电电流等。

1. 电容器的标称容量、允许误差

电容器上标注的电容量被称为标称容量。在实际应用时,电容量在 10^4 pF 以上的电容器,通常采用μF 作单位,常见的容量有 0.047 μF、0.1 μF、2.2 μF、330 μF、4 700 μF 等。电容量在 10^4 pF 以下的电容器,通常用 pF 作单位,常见的电容量有 2 pF、68 pF、100 pF、680 pF、5 600 pF 等。

电容器标称容量与实际容量的偏差称为误差,在允许的偏差范围内称为精度。

2. 额定电压

额定电压是指在规定的温度范围内,电容器在电路中长期可靠地工作所允许加载的最高直流电压。如果电容器工作在交流电路中,则交流电压的峰值不得超过其额定电压,否则电容器中的介质会被击穿造成电容器损坏。一

般电容器的额定电压值都标注在电容器外壳上。常用固定电容器的直流电压系列有 1.6 V、4 V、6.3 V、10 V、16 V、25 V、32 V、40 V、50 V、63 V、100 V、125 V、160 V、250 V、300 V、400 V、450 V、500 V、630 V 及 1 000 V。

3. 频率特性

频率特性是指在一定的外界环境温度下，电容器所表现出的各种参数随着外界施加的交流电的频率不同而表现出不同性能的特性。对于不同介质的电容器，其适用的工作频率也不同。例如，电解电容器只能在低频电路中工作，而高频电路只能用容量较小的云母电容器等。

4. 漏电电流

理论上电容器有隔直通交的作用，但有些时候，如在高温、高压等情况下，当给电容器两端加上直流电压后仍有微弱电流流过，这与绝缘介质的材料密切相关。这一微弱的电流被称作漏电电流，通常电解电容的漏电电流较大，云母或陶瓷电容的漏电电流相对较小。漏电电流越小，电容的质量就越好。

（四）电容器的测量

电容器的测量包括对电容器容量的测量和电容器的好坏判断。电容器容量的测量主要用数字仪表进行。电容器的好坏判断一般用万用表进行，并视电容器容量的大小选择万用表的量程。电容器的好坏判断是根据电容器接通电源时瞬时充电，在电容器中有瞬时充电电流流过的原理进行的。

数字万用电表的蜂鸣器档内装有蜂鸣器，当被测线路的电阻小于某一数值时（通常为几十欧，视数字万用表的型号而定），蜂鸣器即发出声响。

数字万用电表的红表笔接电容器的正极，黑表笔接电容器的负极，此时，能听到一阵短促的蜂鸣声，声音随即停止，同时显示溢出符号"1"。这是因为刚开始对被测电容充电时，电容较大，相当于通路，所以蜂鸣器发声；随着电容器两端的电压不断升高，充电电流迅速减小，蜂鸣器停止发声。

① 若蜂鸣器一直发声，则说明电解电容器内部短路。② 电容器的容量越大，蜂鸣器发声的时间越长。当然，如果电容值低于几个微法，就听不到蜂鸣器的响声了。③ 如果被测电容已经充好电，测量时也听不到响声。

第二节　电感器和变压器

电感器（电感线圈）和变压器是利用电磁感应的"自感"和"互感"原理制作而成的电磁感应元件，是电子电路中常用的元器件之一。"电感"是"自感"和"互感"的总称，载流线圈的电流变化在线圈自身中引起感应电动势的现象称为自感；载流线圈的电流变化在邻近的另一线圈中引起感应电动势的现象称为互感。

一、电感器

电感器是一种能够把电能转化为磁能并存储起来的元器件，它的主要功能是阻止电流的变化。当电流从小到大变化时，电感阻止电流的增大；当电流从大到小变化时，电感阻止电流的减小。电感器常与电容器配合在一起工作，在电路中主要用于滤波（阻止交流干扰）、振荡（与电容器组成谐振电路）、波形变换等。

电感器是电子电路中最常用的电子元件之一，用字母"L"表示。

电感器的单位为 H（亨利，简称亨），常用的还有 mH（毫亨）、μH（微亨）、nH（纳亨）、pH（皮亨）。它们之间的换算关系为：$1\ H = 10^3\ mH = 10^6\ \mu H = 10^9\ nH = 10^{12}\ pH$。

（一）电感器的主要参数

1. 电感量

电感量的大小与线圈的匝数、直径、绕制方式、内部是否有磁芯及磁芯材料等因素有关。匝数越多，电感量就越大。线圈内装有磁芯或铁芯，也可以增大电感量。一般磁芯用于高频场合，铁芯用在低频场合。线圈中装有铜芯，则会使电感量减小。

2. 品质因数

品质因数反映了电感线圈质量的高低，通常称为 Q 值。若线圈的损耗较小，Q 值就较高；反之，若线圈的损耗较大，则 Q 值较低。线圈的 Q 值与构成线圈导线的粗细，绕制方式以及所用导线是多股线、单股线还是裸导线等因素有关。通常，线圈的 Q 值越大越好。实际上，Q 值一般在几十至几百之间。在实际应用中，用于振荡电路或选频电路的线圈，要求 Q 值高，这样的线圈损耗小，可提高振荡幅度和选频能力；用于耦合的线圈，其 Q 值可低一些。

3. 分布电容

线圈的匝与匝之间以及绕组与屏蔽罩或地之间，不可避免地存在着分布电容。这些电容是一个成形电感线圈所固有的，因而也称为固有电容。固有电容的存在往往会降低电感器的稳定性，也降低了线圈的品质因数。

一般要求电感线圈的分布电容尽可能小。采用蜂房式绕法或线圈分段间绕的方法可有效地减小固有电容。

4. 允许误差

允许偏差（误差）是指线圈的标称值与实际电感量的允许误差值，也称为电感量的精度，对它的要求视用途而定。一般对用于振荡或滤波等电路中的电感线圈要求较高，允许偏差为 $\pm 0.2\% \sim \pm 0.5\%$；而用于耦合、高频阻流的电感线圈则要求不高，允许偏差为 $\pm 10\% \sim \pm 15\%$。

5. 额定电流

额定电流是指电感线圈在正常工作时所允许通过的最大电流。若工作电流超过该额定电流值，线圈会因过流而发热，其参数也会发生改变，严重时会被烧断。

（二）电感器的标注方法

1. 直标法

电感器的直标法是将电感器的标称电感量用数字和文字符号直接标在电感器外壁上的标志方法。采用直标法的电感器将标称电感量用数字直接标注在电感器的外壳上，同时用字母表示额定工作电流，再用Ⅰ、Ⅱ、Ⅲ表示允许偏差参数。固定电感器除应直接标出电感量外，还应标出允许偏差和额定电流参数。

2. 文字符号法

文字符号法是将电感器的标称值和允许偏差值用数字和文字符号按一定的规律组合标注在电感体上的标志方法。采用这种标注方法的通常是一些小功率的电感器，其单位通常为 nH 或 pH，用 N 或 P 代表小数点。采用这种标识法的电感器通常后缀一个英文字母表示允许偏差，各字母代表的允许偏差与直标法相同。

3. 色标法

色标法是指在电感器表面涂上不同的色环来代表电感量（与电阻器类似），通常用四色环表示，紧靠电感体一端的色环为第一环，露着电感体本色较多的另一端为末环。其第一色环是十位数，第二色环为个位数，第三色环为相应的倍率，第四色环为误差率，各种颜色所代表的数值不一样。

（三）电感器的分类

电感器按绕线结构分为单层线圈、多层线圈、蜂房式线圈等；按电感形式分为固定电感器、可调电感器等；按导磁体性质分为空芯线圈、铁氧体线圈、铁芯线圈、铜芯线圈等；按工作性质分为天线线圈、振荡线圈、扼流线圈、陷波线圈、偏转线圈等；按结构特点分为磁芯线圈、可变电感线圈、色码电感线圈、无磁芯线圈等。下面介绍按绕线结构分类的电感器：

1. 单层线圈

单层线圈的 Q 值一般都比较高，多用于高频电路中。单层线圈通常采用密绕法、间绕法和脱胎绕法。密绕法是用绝缘导线一圈挨一圈地绕在纸筒或胶木骨架上，如晶体管收音机中波的天线线圈；间绕法就是每圈和每圈之间有一定的距离，具有分布电容小、高频特性好的特点，多用于短波天线；脱胎绕法的线圈实际上就是空芯线圈，如高频的谐振电路。

2. 多层线圈

由于单层线圈的电感量较小，在电感值大于 300 μH 的情况下，要采用多层线圈。多层线圈采用分段绕制，可以避免层与层之间的跳火、击穿绝缘的现象以及减小分布电容。

3. 蜂房式线圈

如果所绕制的线圈的平面不与旋转面平行，而是与之相交成一定的角度，这种线圈称为蜂房式线圈。蜂房式线圈都是利用蜂房绕线机来绕制的。这种线圈的优点是体积小、分布电容小、电感量大，多用于收音机的中波段振荡电路和高频电路。

（四）电感器的检测

电感器的测量主要分为电感量的测量和电感器的好坏判断。

1. 电感量的测量

电感量的测量可用带有电感量测量功能的万用表进行。用万用表测量电感器的电感量简单方便，一般测量范围为 0～500 mH，但其测量精度较低。

如需要进行较为精确的电感量的测量时，则要使用专门的仪器（如使用高频表进行测量），具体测量方法请参阅测量仪器的使用说明书。

2. 电感器的好坏判断

电感器是一个用连续导线绕制的线圈，所以电感器的好坏判断主要是判断线圈是否断路。对于断路的电感器，只要用万用表欧姆档测量电感器的两引出端，当测量到电感器两引出端的电阻值为 0 时，则可判断电感器断路。对于电感器短路的测量，则需要对其进行电感量的测量，当测量出被测电感器的电感量远远小于标称值时，则可判断电感器有局部短路。

二、变压器

变压器是利用电磁感应原理，从一个电路向另一个电路传递电能或传输信号的一种电器。变压器可将一种电压的交流电能变换为同频率的另一种电压的交流电能。

（一）变压器的结构及分类

变压器是由绕在同一铁芯上的两个线圈构成的，它的两个线圈一个称为一次侧绕组，另一个称为二次侧绕组。

1. 高频变压器

高频变压器是指工作在高频的变压器，如各种脉冲变压器、收音机中的天线变压器、电视机中的天线阻抗变压器等。

2. 中频变压器

中频变压器一般是指电视机、收音机中调谐电路中使用的变压器等，其工作频率比高频低。

3. 低频变压器

低频变压器有电源变压器、输入变压器、输出变压器、线间变压器、耦合变压器、自耦变压器等，其工作频率较低。

（二）变压器的型号命名

国产变压器的型号命名一般由三个部分组成。第一部分表示名称，用字母表示；第二部分表示变压器的额定功率，用数字表示，计量单位用 V·A 或 W 标注，但 BR 型变压器除外；第三部分为序号，用数字表示。例如，某电源变压器上标出 DB-50-2.DB 表示电源变压器，50 表示额定功率 50 V·A，2 表示产品的序列号。变压器主称部分字母的意义如表 3-9 所示。

表 3-9　变压器主称部分字母的意义

字母	意义	字母	意义
CB	音频输出变压器	HB	灯丝变压器
DB	电源变压器	RB	音频输入变压器
GB	高压变压器	SB 或 EB	音频输送变压器

（三）变压器的主要参数

变压器的主要参数有电压比、效率和频率响应。

1. 电压比

对于一个没有损耗的变压器，从理论上来说，如果它的一、二次侧绕组的匝数分别为 N_1 和 N_2，若在一次侧绕组中加入一个交流电压 U_1，则在二次侧绕组中必会感应出电压 U_2，U_1 与 U_2 的比值称为变压器的电压比，用 n 表示，即

$$n = \frac{U_1}{U_2} = \frac{N_1}{N_2}$$

变压比 $n<1$ 的变压器主要用作升压；变压比 $n>1$ 的变压器主要用作降压；变压比 $n=1$ 的变压器主要用作隔离电压。

2. 效率

在额定功率时，变压器的输出功率 P_2 和输入功率 P_1 的比值叫作变压器的效率，用 η 表示，即

$$\eta = \frac{P_2}{P_1}$$

3. 频率响应

对于音频变压器，频率响应是它的一项重要指标。通常要求音频变压器对不同频率的音频信号电压都能按一定的变压比做不失真的传输。实际上，音频变压器对音频信号的传输受到音频变压器一次侧绕组的电感、漏电感及分布电容的影响，一次侧电感越小，低频信号电压失真越大；而漏电感和分布电容越大，高频信号电压的失真就越大。

（四）变压器的检测

1. 直观检测

直观检测就是检查变压器的外表有无异常情况，以此来判断变压器的好坏。直观检测主要检查变压器线圈外层绝缘是否有发黑或变焦的迹象，有无击穿或短路的故障，各线圈处线头有无断线的情况等，以便及时处理。

2. 绝缘检测

绝缘检测就是检查变压器绕组与铁芯之间、绕组与绕组之间的绝缘是否良好。变压器绝缘电阻的检查一般使用兆欧表进行，对各种不同的变压器要求的绝缘电阻也不同。对于工作电压很高的中、大型扩音机、广播等设备中的电源变压器，收音机、电视机上使用的变压器等，其绝缘电阻应大于1 000 MΩ；对电子管扩音机的输入和输出变压器、各种馈送变压器、用户变压器，其绝缘电阻应大于 500 MΩ；对于晶体三极管扩音机、收扩两用机的输入和输出变压器，其绝缘电阻应大于 100 MΩ。

3. 线圈通断检测

线圈通断检测主要是检查变压器线圈的短路或断路故障，线圈的通断检查一般使用万用表欧姆档进行。当测量到变压器线圈中的电阻值小于正常值的 5%时，则可判断变压器线圈有短路故障；当测量到变压器线圈的电阻值大于正常值的 5%或为∞时，则可判断变压器线圈接触不良或有断路故障。

4. 通电检测

通电检测就是在变压器的一次侧绕组中通入一定的交流电压，用以检查变压器的质量。合格的变压器一般在进行通电检测时，线圈无发热现象、无铁芯振动声等。如发现在通电检测中电源熔丝被烧断，则说明变压器有严重的短路故障；如变压器通电后发出较大的嗡嗡声，并且温度上升很快，则说明变压器绕组存在短路故障，此时需要对变压器进行修理。

第三节　二极管和三极管

一、二极管

半导体是一种具有特殊性质的物质，它不像导体那样能够完全导电，又不像绝缘体那样几乎不能导电，它介于两者之间，所以称为半导体。半导体中最重要的两种元素是硅和锗。

晶体二极管简称二极管，也称为半导体二极管，它具有单向导电的性能，也就是在正向电压的作用下，其导通电阻很小；而在反向电压的作用下，其导通电阻极大或趋于无穷大。无论是什么型号的二极管，都有一个正向导通电压，低于这个电压时二极管就不能导通，硅管的正向导通电压为 0.6～0.7 V，锗管的正向导通电压为 0.2～0.3 V。其中，0.7 V（硅管）和 0.3 V（锗管）是二极管的近似最大正向导通电压，即接近此电压时无论电压再怎么升高（不能高于二极管的额定耐压值），加在二极管上的正向导通电压也基本不再升高了。正因为二极管具有上述特性，通常把它用在整流、隔离、稳压、极性保护、编码控制、调频调制和静噪等电路中。它在电路中用符号"VD"或"D"表示。

二极管的识别很简单，小功率二极管的 N 极（负极）在二极管外表大多采用一种色标（圈）表示出来，有些二极管也用二极管的专用符号来表示 P极（正极）或 N 极（负极），也有采用符号标志"P""N"来确定二极管极性的。发光二极管的正负极可通过引脚长短来识别，长脚为正，短脚为负。大功率二极管多采用金属封装，其负极用螺帽固定在散热器上。

（一）二极管的分类和型号命名

1. 二极管的分类

（1）按二极管的制作材料可分为硅二极管、锗二极管和砷化镓二极管三大类，其中前两种应用最为广泛，它们主要包括检波二极管、整流二极管、高频整流二极管、整流堆、整流桥、变容二极管、开关二极管、稳压二极管等。

（2）按二极管的结构和制造工艺可分为点接触型和面接触型二极管。

（3）按二极管的作用和功能可分为整流二极管、稳压二极管、开关二极管、检波二极管、变容二极管、阶跃二极管、隧道二极管等。"降压二极管"表述不准确，一般没有这种分类。

2. 二极管的型号命名

国标规定半导体器件的型号由 5 个部分组成，各部分的含义如表 3-10所示。第一部分用数字"2"表示主称为二极管；第二部分用字母表示二极管的材料与极性；第三部分用字母表示二极管的类别；第四部分用数字表示序号；第五部分用字母表示二极管的规格号。

表 3-10　半导体器件的型号命名及含义

第一部分：主称		第二部分：材料与极性		第三部分：类别		第四部分：序号	第五部分：规格号
数字	含义	字母	含义	字母	含义		
2	二极管	A	N 型锗材料	P	小信号管（普通管）	用数字表示同一类产品的序号	用数字表示同一类产品的序号
				W	电压调整管和电压基准管（稳压管）		
				L	整流堆		
		B	P 型锗材料	N	阻尼管		
				Z	整流管		
				U	光电管		
		C	N 型硅材料	K	开关管		
				D 或 C	变容管		
				V	混频检波管		
		D	P 型硅材料	JD	激光管		
				S	隧道管		
				CM	磁敏管		
		E	化合物材料	H	恒流管		
				Y	体效应管		
				EF	发光二极管		

（二）常用二极管

常用二极管有整流二极管、稳压二极管、检波二极管、开关二极管和发光二极管等。

1. 整流二极管

整流二极管的性能比较稳定，但因其 PN 结电容较大，不宜在高频电路中工作，所以一般不能作为检波管使用。整流二极管是面接触型结构，多采用硅材料制成。整流二极管有金属封装和塑料封装两种。整流二极管

2CZ52C 的主要参数为最大整流电流 100 mA、最高反向工作电压 100 V、正向压降≤1 V。

2. 稳压二极管

稳压二极管也称齐纳二极管或反向击穿二极管，在电路中起稳压作用。它是利用二极管被反向击穿后，在一定反向电流范围内，其反向电压不随反向电流变化这一特点进行稳压的。稳压二极管的正向特性与普通二极管相似，但其反向特性与普通二极管有所不同。当其反向电压小于击穿电压时，反向电流很小；当反向电压临近击穿电压时，反向电流急剧增大，并发生电击穿。此时，即使电流再继续增大，管子两端的电压也基本保持不变，从而起到稳压作用。但二极管击穿后的电流不能无限制地增大，否则二极管将被烧毁，所以稳压二极管在使用时一定要串联一个限流电阻。

3. 检波二极管

检波（也称解调）二极管的作用是利用其单向导电性将高频或中频无线电信号中的低频信号或音频信号分检出来，其广泛应用于半导体收音机、收录机、电视机及通信等设备的小信号电路中，具有较高的检波效率和良好的频率特性。

4. 开关二极管

开关二极管是利用二极管的单向导电性在电路中对电流进行控制的，它具有开关速度快、体积小、寿命长、可靠性高等特点。开关二极管是利用其在正向偏压时电阻很小，反向偏压时电阻很大的单向导电性，在电路中对电流进行控制，起到接通或关断开关的作用。开关二极管的反向恢复时间很小，主要用于开关、脉冲、超高频电路和逻辑控制电路中。

5. 发光二极管

发光二极管（LED）是一种能将电信号转变为光信号的二极管。当有正向电流流过时，发光二极管发出一定波长范围内的光，目前的发光管能发出从红外光到可见光范围内的光。发光二极管主要用于指示，并可组成数字或符号的 LED 数码管。为保证发光二极管的正向工作电流的大小，使用时要给它串入适当阻值的限流保护电阻。

（三）二极管的主要参数

1. 最大整流电流

最大整流电流是指在长期使用时，二极管能通过的最大正向平均电流值，用 IM 表示，通过二极管的电流不能超过最大整流电流值，否则会烧坏二极管。锗管的最大整流电流一般在几十毫安以下，硅管的最大整流电流可达数百安。

2. 最大反向电流

最大反向电流是指二极管的两端加上最高反向电压时的反向电流值，用 IR 表示。反向电流越大，则二极管的单向导电性能越差，这样的管子容易烧坏，其整流效率也较低。硅管的反向电流约在 1 μA 以下，大的有几十微安，大功率管子的反向电流也有高达几十毫安的。锗管的反向电流比硅管的大得多，一般可达几百微安。

3. 最高反向工作电压（峰值）

最高反向工作电压是指二极管在使用中所允许施加的最大反向电压，它一般为反向击穿电压的 1/2～2/3，用 URM 表示。锗管的最高反向工作电压一般为数十伏以下，而硅管的最高反向工作电压可达数百伏。

（四）二极管的检测

1. 极性的判别

将数字万用表置于二极管档，红表笔插入"V/Ω"插孔，黑表笔插入"COM"插孔，这时红表笔接表内电源正极，黑表笔接表内电源负极。将两支表笔分别接触二极管的两个电极，如果显示溢出符号"1"，说明二极管处于截止状态；如果显示 1 V 以下，说明二极管处于正向导通状态，此时与红表笔相接的是管子的正极，与黑表笔相接的是管子的负极。

2. 好坏的测量

量程开关和表笔插法同上，当红表笔接二极管的正极，黑表笔接二极管的负极时，显示值在 1 V 以下；当黑表笔接二极管的正极，红表笔接二极管的负极时，显示溢出符号"1"，则表示被测二极管正常。若两次测量均显示溢出，则表示二极管内部断路。若两次测量均显示"000"，则表示二极管已被击穿，处于短路状态。

3. 硅管与锗管的测量

量程开关和表笔插法同上，红表笔接被测二极管的正极，黑表笔接负极，若显示电压在 0.4～0.7 V，则说明被测管为硅管。若显示电压在 0.1～0.3 V，则说明被测管为锗管。用数字式万用表测二极管时，不宜用电阻档测量，因为数字式万用表电阻档所提供的测量电流太大，而二极管是非线性元件，其正、反向电阻与测试电流的大小有关，所以用数字式万用表测出来的电阻值与正常值相差极大。

二、三极管

三极管是电流放大器件，可以把微弱的电信号转变成一定强度的信号，因此在电路中被广泛应用。半导体三极管也称为晶体三极管，是电子电路中最重要的器件之一。其具有三个电极，主要起电流放大作用，此外三极管还具有振荡或开关等作用。

三极管是由两个 PN 结组成的，其中一个 PN 结称为发射结，另一个称为集电结。两个结之间的一薄层半导体材料称为基区。接在发射结一端和集电结一端的两个电极分别称为发射极和集电极。接在基区上的电极称为基极。在应用时，发射结处于正向偏置，集电极处于反向偏置。通过发射结的电流使大量的少数载流子注入基区里，这些少数载流子靠扩散迁移到集电结而形成集电极电流，只有极少量的少数载流子在基区内复合而形成基极电流。集电极电流与基极电流之比称为共发射极电流放大系数。在共发射极电路中，微小的基极电流变化可以控制很大的集电极电流变化。

（一）三极管的分类和型号命名

1. 三极管的分类

（1）按半导体材料和极性可分为硅材料三极管和锗材料三极管。

（2）按三极管的极性可分为锗 NPN 型三极管、锗 PNP 型三极管、硅 NPN 型三极管和硅 PNP 型三极管。

（3）按三极管的结构及制造工艺可分为扩散型三极管、合金型三极管和平面型三极管。

（4）按三极管的电流容量可分为小功率三极管、中功率三极管和大功率三极管。

（5）按三极管的工作频率分为低频三极管、高频三极管和超高频三极管等。

（6）按三极管的封装结构可分为金属封装（简称金封）三极管、塑料封装（简称塑封）三极管、玻璃壳封装（简称玻封）三极管、表面封装（片状）三极管和陶瓷封装三极管等。

（7）按三极管的功能和用途可分为低噪声放大三极管、中高频放大三极管、低频放大三极管、开关三极管、达林顿三极管、高反压三极管、带阻尼三极管、微波三极管、光敏三极管和磁敏三极管等多种类型。

2. 三极管的型号命名

国产三极管的型号命名由五个部分组成，第一部分用数字"3"表示主称，第二部分用字母表示三极管的材料与极性，第三部分用字母表示三极管的类别，第四部分用数字表示同一类产品的序号，第五部分用字母表示三极管的规格号。

（二）三极管的主要参数

三极管的参数很多，大致可分为三类，即直流参数、交流参数和极限参数。

1. 直流参数

（1）共发射极电流放大倍数 hFE

共发射极电流放大倍数是指集电极电流 I_C 与基极电流 I_B 之比，即：

$$h_{FE} = \frac{I_C}{I_B}$$

（2）集电极-发射极反向饱和电流 ICEO

集电极-发射极反向饱和电流是指基极开路时，集电极与发射极之间加上规定的反向电压时的集电极电流，又称穿透电流。它是衡量三极管热稳定性的一个重要参数，其值越小，则三极管的热稳定性越好。

（3）集电极-基极反向饱和电流 ICEO

集电极-基极反向饱和电流是指发射极开路时，集电极与基极之间加上规定的电压时的集电极电流。良好三极管的 ICEO 应该很小。

2. 交流参数

（1）共发射极交流电流放大系数 β

共发射极交流电流放大系数是指在共发射极电路中，集电极电流变化量与基极电流变化量之比，即：

$$\beta = \frac{\Delta i_c}{\Delta i_b}$$

（2）共发射极截止频率 f_β

共发射极截止频率是指电流放大系数因频率增加而下降至低频放大系数的 0.707 倍时的频率，即 β 值下降了 3 dB 时的频率。

（3）特征频率 f_T

特征频率是指 β 因频率升高而下降至 1 时的频率。

3. 极限参数

（1）集电极最大允许电流 ICM

集电极最大允许电流是指三极管参数变化不超过规定值时，集电极允许通过的最大电流。当三极管的实际工作电流大于 ICM 时，管子的性能将显著变差。

（2）集电极-发射极反向击穿电压 V（BR）CEO

集电极-发射极反向击穿电压是指基极开路时，集电极与发射极间的反向击穿电压。

（3）集电极最大允许功率损耗 PCM

集电极最大允许功率损耗是指集电结允许功耗的最大值，其大小取决于集电结的最高结温。

（三）三极管的识别与检测

1. 三极管基极（B极）及类型的判别

将数字万用表置于二极管档（蜂鸣档），将红表笔接触一个引脚，黑表笔分别接触另外两个引脚，若在两次测量中显示值都小，则红表笔接触的是 B 极，且该管为 NPN 型；对于 PNP 型，应将红、黑表笔对换，两次测量中显示值均小，则黑表笔接触的是 B 极。

2. 判定集电极（C极）和发射极（E极）

将数字万用表置于"hFE"档，测量两极之间的放大倍数，并比较两次 hFE 值，取其中读数较大一次的插入方式。三极管的电极符合万用表上的排列顺序，同时也能测出三极管的电流放大倍数。

第四节　集成电路

一、集成电路的分类和型号命名

集成电路（IC），它是将一个或多个单元电路的主要元器件或全部元器件都集成在一个单晶硅片上，且封装在特制的外壳中，并具备一定功能的完整电路。集成电路的体积小、耗电低、稳定性好，从某种意义上讲，集成电路是衡量一个电子产品是否先进的主要标志。

（一）集成电路的分类

1. 按功能、结构分类

集成电路按其功能、结构不同可分为模拟集成电路和数字集成电路两大类。

2. 按制作工艺分类

集成电路按制作工艺不同可分为薄膜电路、厚膜电路和混合电路。薄膜电路是用 1 μm 厚的材料制成器件及元件。厚膜电路以厚膜形式制成阻容、导线等，再粘贴有源器件；混合电路用平面工艺制成器件，以薄膜工艺制作元件。

3. 按集成度高低分类

集成电路按集成度高低的不同可分为小规模集成电路（一般少于 100 个元件或少于 10 个门电路）、中规模集成电路（一般含有 100～1 000 个元件或 10～100 个门电路）、大规模集成电路（一般含有 1 000～10 000 个元件或多于 100 个门电路）和超大规模集成电路（一般含有 10 万个元件或 10 000 个门电路以上）。

4. 按导电类型不同分类

集成电路按导电类型可分为双极型集成电路和单极型集成电路。双极型集成电路的制作工艺复杂，功耗较大，其中具有代表性的集成电路有 TTL、ECL、HTL、LSTTL、STTL 等类型。单极型集成电路的制作工艺简单，功耗也较低，易于制成大规模集成电路，其中具有代表性的集成电路有 CMOS、NMOS、PMOS 等类型。

5. 按用途分类

集成电路按用途可分为电视机用集成电路、音响用集成电路、影碟机用集成电路、录像机用集成电路、计算机（微机）用集成电路、电子琴用集成电路、通信用集成电路、照相机用集成电路、遥控集成电路、语言集成电路、报警器用集成电路及各种专用集成电路等。

（二）集成电路的型号命名

集成电路的型号命名由五个部分组成，第一部分用字母"C"表示该集成电路为中国制造，符合国家标准；第二部分用字母表示集成电路的类型；第三部分用数字或数字与字母混合表示集成电路的系列和代号；第四部分用字母表示电路的工作温度范围；第五部分用字母表示集成电路的封装形式。

二、集成电路的主要参数

（一）静态工作电流

静态工作电流是指在不给集成电路加载输入信号的条件下，电源引脚回路中的电流值。静态工作电流通常标出典型值、最小值、最大值。当测量集成电路的静态电流时，如果测量结果大于最大值或小于最小值，可能会造成集成电路损坏或发生故障。

（二）增益

增益是体现集成电路放大器放大能力的一项指标，通常标出闭环增益，它又分为典型值、最小值、最大值等指标。

（三）最大输出功率

最大输出功率主要用于有功率输出要求的集成电路。它是指信号失真度为一定值（10%）时集成电路输出引脚所输出的信号功率，通常标出典型值、最小值、最大值三项指标。

（四）电源电压值

电源电压值是指可以加在集成电路电源引脚与地端引脚之间的直流工作电压的极限值，使用时不能超过这个极限值，如直流电压±5 V、±12 V 等。

第四章　直流电路分析

第一节　电路及电路模型

一、电路的组成与作用

电路就是电流所通过的路径，也称回路或网络，是由电气设备和元器件按某种特定方式连接起来，以实现特定功能的电气装置。

在电力、通信、计算机、信号处理、控制等各个电气工程技术领域中，都使用大量的电路来完成各种各样的任务。电路的作用大致可分为以下两方面。

1. 电能的传输和转换。例如电力供电系统、照明设备、电动机等。此类电路主要利用电的能量，其电压、电流、功率相对较大，频率较低，也称为强电系统。

2. 信号的传递和处理。例如电话、扩音机电路用来传送和处理音频信号，万用表用来测量电压、电流和电阻，计算机的存储器用来存放数据和程序。此类电路主要用于处理电信号，其电压、电流、功率相对较小，频率较高，也称为弱电系统。

实际电路虽然多种多样，功能也各不相同，但它们都受共同的基本规律支配。正是在这种共同规律的基础上，形成了"电路理论"这一学科。通过对"电路"课程的学习，可掌握电路的基本理论和基本分析方法，为进一步学习电路理论及电气类相关课程打下基础。

二、理想电路元器件与电路模型

在电路中常见的元器件有电阻、电容、二极管、三极管、电池、电感等，这些实际元器件的电磁特性十分复杂，因此，为了让工程师能够分析这些复杂电路的工作特性，需要对这些元器件进行科学的抽象与概括，用一些理想电路元件（或者相应组合）来代表实际元器件的主要外部特性，这些模型元件是一种用数学关系描述实际器件的基本物理规律的数学模型，我们称为理想元件。

通过理想电路元件来代替实际电路元件构成的电路称为电路模型，简称为电路。而电路图则是用规定的元器件图形符号来反映电路的结构，例如，前面提到的手电筒的电路图。

在实际电路中使用各种各样的元器件，比如电阻、电容、电感、灯泡、晶体管等，这些元器件在电磁方面有很多相同的地方，比如电阻、灯泡等主要是消耗电能，也就是负载，在这里就可以用一个具有两个端钮的理想电阻 R 来表示，它能反映消耗电能的特征，在电路中常用电阻的倒数电导来描述电阻元件，在国际单位制中的单位为西门子（S）。

在实际电路中电感器主要是存储磁能，用一个理想的二端电感元件来反映存储磁能的特征。各种实际的电容器主要是存储电能，用一个理想的二端电容来反映存储电场能的特征。

理想电路元件是指有某种特定的电磁性能的理想元件。理想电路元件是一种理想的模型并具有精确的数学定义，在实际中是不存在的，但是不能说所定义的理想电路元件模型是理论脱离实际、不可用的。

第二节 电路中的变量

在电路问题分析中，电路的电性能可以用一组表示为时间函数的变量来描述，最常用到的是电流、电压和电功率。

一、电流

电流是指电荷的定向移动，电源的电动势形成了电压，继而产生了电场力，在电场力的作用下，处于电场内的电荷发生定向移动，形成了电流。电流的大小称为电流强度（简称电流，符号为 I），是指单位时间内通过导体某一横截面的电荷量，每秒通过 1 库仑的电量称为 1 安培（A）。安培是国际单位制中电学的基本单位。电学上规定：正电荷流动的方向为电流方向。

电流的大小称为电流强度（简称电流），是指单位时间内通过导体横截面的电荷量，即：

$$i(t) = \frac{\mathrm{d}_q}{\mathrm{d}t}$$

式中，电荷 q 的单位为库仑（C）；时间 t 的单位为秒（s）；电流 i 的单位为安培（A）。除了 A 外，常用的单位有毫安（mA）、微安（μA），它们之间的换算关系如下：

$$1\ A = 10^3\ mA$$
$$1\ mA = 10^3\ \mu A$$

如果电流的大小和方向不随时间变化，这种电流称为恒定电流，简称直流，一般用大写字母 I 表示；如果电流的大小和方向都随时间变化，则称为交变电流，简称交流，一般用小写字母 i 表示。

二、电压

电压是指电场中两点间的电位差（电势差），电压的实际方向规定为从高电位指向低电位，a、b 两点之间的电压在数值上等于电场力驱使单位正电荷从 a 点移至 b 点所做的功，即：

$$u(t) = \frac{\mathrm{d}_W}{\mathrm{d}_q}$$

式中，d_q 为由 a 点转移到 b 点的正电荷量，单位为库仑（C）；d_W 为转移过程中电场力对电荷 d_q 所做的功，单位为焦耳（J）；电压 $u(t)$ 的单位为伏特（V）。

如果正电荷由 a 点转移到 b 点，电场力做了正功，则 a 点为高电位，即正极，b 点为低电位，即负极；如果正电荷由 a 点转移到 b 点，电场力做了负功，则 a 点为低电位，即负极，b 点为高电位，即正极。

如果电荷量及电路极性都随时间变化，则称为交变电压或交流电压，一般用小写字母 u 表示；若电压大小和方向都不变，称为直流（恒定）电压，一般用大写字母 U 表示。

三、参考方向

在实际问题中，电流和电压的实际方向事先可能是未知的，或难以在电路图中标出，例如交流电流，就不可能用一个固定的箭头来表示其实际方向，所以引入参考方向的概念。参考方向可以任意选定，在电路图中，电流的参考方向用箭头表示；电压的参考方向（也称参考极性）则在元件或电路的两端用"+""−"符号来表示，"+"号表示高电位端，"−"号表示低电位端；有时也用双下标表示，如 uAB 表示电压参考方向由 A 指向 B。

如果电流或电压的实际方向（虚线箭头）与参考方向（实线箭头或"+""−"）一致，则用正值表示；如果两者相反，则为负值。这样，可利用电流或电压的正负值结合参考方向来表明实际方向。

在分析电路时，应先设定好合适的参考方向，在分析与计算的过程中不再任意改变，最后由计算结果的正、负值来确定电流和电压的实际方向。

四、电功率

电路中单位时间内消耗或产生的电能称为电功率，电功率的大小等于电流与电压的乘积，即：

$$P = UI$$

在法定计量单位中功率的单位是瓦（W），常用单位有千瓦（kW）、毫瓦（mW）。$1\ kW = 10^3\ W$，$1\ W = 10^3\ mW$。

在闭合电路中恒压源所产生的电功率，如图 4-1 所示。

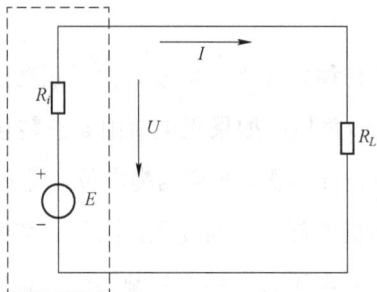

图 4-1　电路图

由电路图分析可得到：

$$P_E = \frac{EIt}{t} = EI$$

那么负载取用的电功率为：

$$P_{R_L} = \frac{UIt}{t} = UI$$

那么电源内部损耗的电功率为：

$$\Delta P = \frac{U_i It}{t} = U_i I$$

这三者的关系是：

$$P_E = P_{R_L} + \Delta P$$

称为电路的功率平衡方程式。

第三节　独立电流源与独立电压源

一、独立电流源

独立电流源在电路中是一种电路模型，它是从实际电路中抽象出来的一种理想的电路元件。

电流源是一种能产生电流的装置。例如光电池在一定条件下，在一定照度的光线照射时就被激发产生一定值的电流，该电流与照度成正比，该光电池可视为电流源。

流过电流源的电流为定值 I_s 或者是时间的函数 $i_s(t)$，与其两端的电压无关。当电压为零时，其发出的电流仍为 I_s 或 $i_s(t)$。

独立电流源的元件符号如图 4-2（a）所示，在表示直流（恒定）电流源时，$i_s(t) = I_s$，箭头表示电流的参考方向，对已知的直流电流源，常使参考方向与实际方向一致。

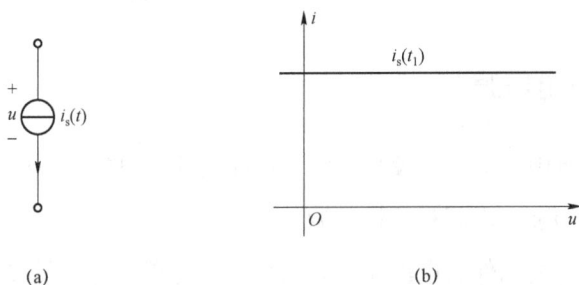

|(a)|(b)|

图 4-2　独立电压源符号及特性曲线

电流是时间函数 $i_s(t)$ 的电流源，称为交变电流源；电流随时间做周期性变化且在一个周期内的平均值为零的电流源，称为交流电流源。

在 $u\text{-}i$ 平面上，电流源在 t_1 时刻的伏安特性曲线是一条平行于 u 轴且纵坐标为 $i_s(t_1)$ 的直线，如图 4-2（b）所示。特性曲线表明了电流源端电压与电流大小无关。

电流源的电流由其本身独立确定，而其两端的电压并不是由电流源本身所能确定的，而是和与之相连接的外电路有关。电流源两端电压可以有不同的极性，因而电流源既可以对外电路提供能量，也可以从外电路接收能量，视电压的极性而定。因此，电流源是一种有源元件。

电流源的电压与电流采用关联参考方向时，其吸收功率为：

$$p = ui$$

当 $p>0$，即电流源工作在 u-i 平面的一、三象限时，电流源实际吸收功率；当 $p<0$，即电流源工作在 u-i 平面的二、四象限时，电流源实际发出功率。也就是说随着电流源工作状态的不同，它既可发出功率，也可吸收功率。

独立电流源的特点是其电流由其特性确定，与电流源在电路中的位置无关。独立电流源的电压则与其连接的外电路有关，由其电流和外电路共同确定。

理想电流源实际上不存在，但光电池等实际电源在一定的电压范围内可近似地看成一个理想电流源。也可以用电流源与电阻元件来构成实际电源的模型。

二、独立电压源

在电路分析中，电源一般都是作为已知条件给出的。而电源就其工作特性来说又可分为独立电源和受控电源。

如果一个二端元件的电流无论为何值，其电压保持常量 U_S 或按给定的时间函数 $u_s(t)$ 变化，则此二端元件称为独立电压源，简称为电压源。电压源的符号如图 4-3 所示，图中"+""−"号表示电压源电压的参考极性。

电压保持常量的电压源，称为恒定电压源或直流电压源。电压随时间变化的电压源，称为时变电压源。电压随时间周期性变化且平均值为零的时变电压源，称为交流电压源。

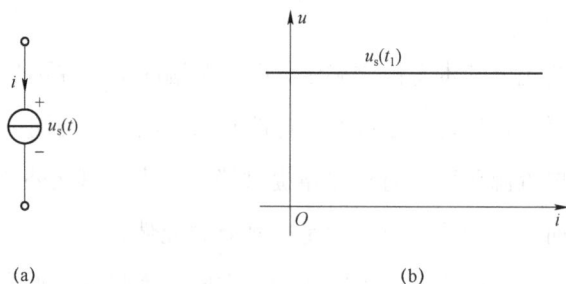

(a)　　　　　　　　　　　　　　　(b)

图 4-3　独立电压源与特性曲线曲线

电压源的电压与电流采用关联参考方向时，其吸收功率为

$$p=ui$$

当 $p>0$，即电压源工作在 u-i 平面的一、三象限时，电压源实际吸收功率；当 $p<0$，即电压源工作在 u-i 平面的二、四象限时，电压源实际发出功率。也就是说，随着电压源工作状态的不同，它既可发出功率，也可吸收功率。

独立电压源的特点是其端电压由其特性确定，与电压源在电路中的位置无关。独立电压源的电流则与其连接的外电路有关，由其电压和外电路共同确定。

三、受控源

受控源又称非独立源。一般来说，一条支路的电压或电流受本支路以外的其他因素控制时统称为受控源。受控源由两条支路组成，其第一条支路是控制支路，呈开路或短路状态；第二条支路是受控支路，它是一个电压源或电流源，其电压或电流的量值受第一条支路电压或电流的控制。受控源可以分成四种类型。

（一）受控源的四种方式

根据控制支路的控制量的不同，受控源分为四种形式：电压控制电压源（Voltage Controlled Voltage Source，VCVS）、电流控制电压源（Current Controlled Voltage Source，CCVS）、电压控制电流源（Voltage Controlled Current Source，VCCS）和电流控制电流源（Current Controlled Current Source，CCCS）。

独立源与受控源在电路中的作用完全不同，故用不同的符号表示，前者用圆圈符号，后者用菱形符号。独立源通常作为电路的输入，代表着外界对电路的作用，如电子电路中的信号源。受控源则是用来表示在电子器件中所发生的物理现象的一种模型，它反映了电路中某处的电压或电流能控制另一

处的电压或电流的关系，在电路中不能作为"激励"。

（二）受控源的伏安特性变化

每一种线性受控源都由两个线性方程式来表征。

（1）对于 VCVS 有 $i_1=0$，$u_2=\mu u_1$，其中 μ 称为转移电压比，无量纲。

（2）对于 CCVS 有 $u_1=0$，$u_2=ri_1$，其中 r 称为转移电阻，量纲为 Ω（欧姆）。

（3）对于 VCCS 有 $i_1=0$，$i_2=gu_1$，其中 g 称为转移电导，量纲为 S（西门子）。

（4）对于 CCCS 有 $u_1=0$，$i_2=\beta i_1$，其中 β 称为转移电流比，无量纲。

这些方程是以电压和电流为变量的代数方程式，只是电压和电流不在同一端口，方程式表明的是一种"转移"关系。

由此可见，若方程式的系数（即 μ、r、g、β）为常数，则受控源是一种线性、非时变、双口电阻元件。我们所称的电阻电路包含受控源在内。

注意：在具体的电路中，受控源的控制量和受控量的两条支路一般并不像图中画得那么近，控制量（电流或电压）就是某支路的电流或某元件上的电压。

第四节　基尔霍夫定律

1845 年德国物理学家、化学家、天文学家基尔霍夫提出的基尔霍夫定律是电路的基本定律之一，它既可以用于直流电路的分析，也可以用于交流电路的分析，还可以用于含有电子元件的非线性电路的分析。运用基尔霍夫定律进行电路分析时，仅与电路的连接方式有关，而与构成该电路的元器件具有什么样的性质无关。基尔霍夫定律包括电流定律和电压定律。

下面首先介绍几个基本概念，以图 4-4 所示电路为例。

支路：由一个或几个元件首尾相接组成的无分支电路。图中共有 5 条支路，支路电流分别标于图中。

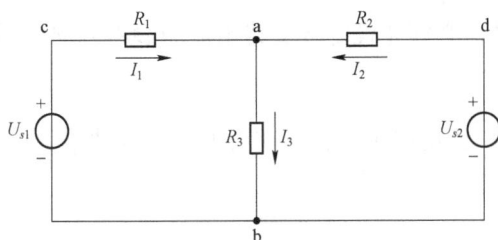

图 4-4 节点与支路示意图

节点：三条或三条以上支路的连接点。图中共有 a、b 两个节点。

回路：电路中任何一个闭合路径。图中共有 3 个回路。

网孔：中间无任何支路穿过的回路。网孔是最简单的回路，或是不可再分的回路。图中最简单的回路 abca、adba 两个是网孔。

一、KCL

1845 年，德国人吉斯塔夫·罗伯特·基尔霍夫发表论文，提出电路网络中的电流、电压和电阻关系的两个电路定律。这两个定律揭示了电路的基本特性，第一个为基尔霍夫电流定律（KCL），简单表述为：流入任何节点的电流的代数和等于零，即：

$$\sum i_\text{入} = 0$$

另外两种等效的表达为：流出任何节点的电流的代数和等于零，即：

$$\sum i_\text{出} = 0$$

流入任何节点的电流之和等于流出该节点的电流之和，即：

$$\sum i_\text{入} = \sum i_\text{出}$$

在实际解题过程中，描述不太正规但比较适用的表达为：

∑电流源流入节点的电流=∑经电阻流出节点的电流

关于基尔霍夫电流定律（KCL）的说明如下：

KCL 适用于集总电路，表征电路中各个支路电流的约束关系，与元件特性无关。

使用 KCL 时，必须先设定各支路电流的参考方向，再依据参考方向列写方程。

可将 KCL 推广到电路中的任一闭合面或闭合曲线（广义节点）。

二、KVL

基尔霍夫电压定律（KVL）是用来确定回路中各段电压间的关系，内容如下：根据电位的单值性原理，任何一时刻，在电路中任一闭合回路内各段电压的代数和恒等于零，即：

$$\sum_{i=1}^{n} U_i = 0$$

该定律用于电路的某一回路时，必须先任意假定各电路元件的电压参考方向及回路的绕行方向。凡是电压的参考方向与绕行方向一致时，在该电压前取"+"号；凡是电压的参考方向与绕行方向相反时，则取"−"号。

关于基尔霍夫电压定律（KVL）的说明如下。

KVL 适用于集总电路，表征电路中各个支路电压的约束关系，与元件特性无关。

使用 KVL 时，必须先设定各支路电压的参考方向，再依据参考方向和选定的绕行方向列写方程。

由 KVL 可知，任何两点间的电压与这两点间所经路径无关。

第五章　正弦交流电路分析

第一节　正弦交流电的基本概念

一、正弦交流电的三要素

正弦量是指按正弦规律周期性变化的电压、电流和电动势等物理量，其特征表现为变化的快慢、大小及初始值三个方面，它们分别由幅值、角频率和初相位来确定。这三个量称为确定正弦量的三要素，假设一个正弦电压是时间 t 的正弦函数，其表达式为：$u(t) = U_m \sin(\omega t + \varphi)$。

如图 5-1 所示，通过该曲线我们能够得到：

$$i(t) = I_m \sin(\omega t + \varphi_0)$$

其中 I_m 表示瞬时值的最大值，称为幅值。

其中 φ_0 表示正弦电流的初始相位，称为初相位。

其中 ω 表示正弦电流的角频率，称为角频率。

（一）幅值

幅值是瞬时值中的最大值，又称为最大值或峰值，通常用 I_m 或 U_m 表示。

它们是与时间无关的常数，单位是 A（安培）和 V（伏特）。

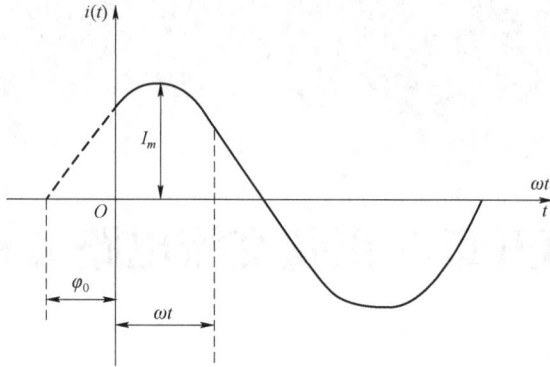

图 5-1　正弦交流电流的一般变化曲线

（二）角频率

角频率 ω 是表示正弦量变化快慢的一个物理量，为了说明角频率的概念，先了解周期 T 和频率 f 的含义。

周期 T 是正弦量变化一个周期所需要的时间，周期 T 越大，波形变化越慢；反之，周期 T 越小，波形变化越快，周期 T 的单位是 s（秒）。

频率 f 表示每秒时间内正弦量重复变化的次数。频率 f 越大，正弦量变化越快，反之越慢。频率的单位是 Hz（赫）。较高的频率用 kHz（千赫）和 MHz（兆赫）表示。1 kHz=10^3 Hz，1 MHz=10^6 Hz。

周期 T 和频率 f 互为倒数，即：

$$T = \frac{1}{f}$$

我国发电厂提供的电能规定频率 f= 50 Hz，则每变化一周所需要的时间 T=1/50 s=0.02 s。正弦量变化一个周期，相当于正弦函数变化 2π 个弧度，角频率 ω 表示正弦量每秒变化的弧度数，单位是 rad/s（弧度/秒），角频率与周期的关系为：

$$\omega T = 2\pi$$

$$\omega = \frac{2\pi}{T} = 2\pi f$$

（三）初相位

通常将 $\omega_t + \varphi_o$ 称为正弦量的相位角，简称相位，相位角是时间的函数。当 $t=0$ 时，正弦量的相位称作初相位，又称作初相角。初相位 φ_o 的大小和正负与选择的时间起点有关。通常规定正弦量由负值变化到正值经过的零点为该正弦量的零点，由正弦量零点到计时起点（$t=0$）之间对应的电角度即为初相位 φ_o，由于正弦量是周期性变化的，所以初相位的取值范围一般规定为 $-\pi < \varphi_o < \pi$。

当 $\varphi_0 = 0$ 时，正弦电压的表达式为 $u = U_m \sin \omega_t$；

当 $\varphi_0 > 0$ 时，正弦电压的表达式 $u = U_m \sin(\omega_t + \varphi_o)$；

当 $\varphi_0 < 0$ 时，正弦电压的表达式 $u = U_m \sin(\omega_t - \varphi_o)$。

φ_o 的正负可以这样确定，当正弦量的初始瞬时值为正时，φ_o 为正；初始瞬时值为负时，φ_o 为负。或从正弦零点所处的位置来看，如果正弦零点在纵轴的左侧时，φ_o 为正；在纵轴右侧时 φ_o 为负，两种方法结果相同。

二、正弦交流电的有效值

在实际的电路应用中，无论是在测量还是实际使用中，使用瞬时值或最大值来描述交流电在电路中产生的各种效应（例如热、机械、光等效应）都是不准确且不太方便的。为了让交流电的强度能够体现其在电路中的功效，电工技术中经常使用有效值来表示交流电量，例如常见的 220 V、380 V 交流电压等，都是用来表示有效值的。

有效值是从电流的热效应来规定的。在电工技术中，电流常表现出其热效应。如果某一个周期电流 i 通过电阻 R 在一个周期内产生的热量，与另一个直流电流 I 通过同样大小的电阻在相等时间内产生的热量相等，那么，i 的有效值在数值上就等于 I。

如上所述可得：

$$\int_0^T Ri^2\mathrm{d}t = RI^2T$$

由此可以得到交流电流的有效值：

$$I = \sqrt{\frac{I}{T_0}^T i^2\mathrm{d}t}$$

设 $i = I_m\sin\Omega_t$，则：

$$I = \sqrt{\frac{I}{T_0}^T I_m^2\sin^2\omega t\mathrm{d}t} = \frac{I_m}{\sqrt{2}} = 0.707I_m$$

同理：

$$U = \frac{U_m}{\sqrt{2}} = 0.707U_m$$

$$E = \frac{E_m}{\sqrt{2}} = 0.707E_m$$

由上述 3 个式子表明，正弦交流电的有效值等于它的最大值的 0.707 倍。

按照规定，有效值都用大写字母表示。所有交流用电设备铭牌上标注的额定电压、额定电流都是有效值，一般交流电流表和电压表的刻度也是指其有效值。

三、正弦交流电相位

在交流电的表达式 $i(t) = I_m\sin(\omega_t + \varphi_o)$ 中， $\omega_t + \varphi_o$ 称为正弦量的相位角，简称相位。两个同频率的正弦交流电在任何瞬时的相位角之差或初相位角之差称为相位差，用 φ 表示。

$$u = U_m\sin(\omega_t + \varphi_1)$$
$$i = I_m\sin(\omega_t + \varphi_2)$$

u 和 i 的相位差为：

$$\varphi = (\omega_t + \varphi_1) - (\omega_t + \varphi_2) = \varphi_1 - \varphi_2$$

由此可见，相位差 φ 的大小与时间 t、角频率 ω 无关，它只取决于两个同频正弦量的初相位。

由图 5-2 可见，因为 u 和 i 的初相位不同（不同相），所以它们的变化步调是不一致的，即不是同时到达正的幅值或 0 值。图中，$\varphi_1 > \varphi_2(\varphi > 0)$，可见 u 比 i 先到达正的幅值，称 u 比 i 超前 φ 角，或者 i 比 u 滞后 φ 角。

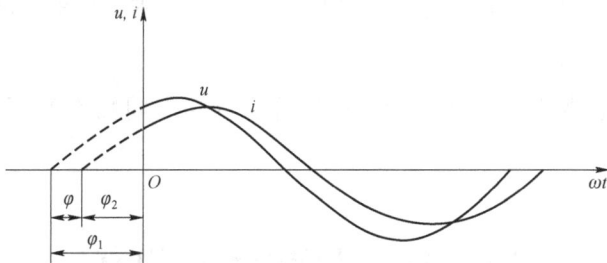

图 5-2　相位差

四、正弦量的相量表示法

对于具有相同频率的正弦量，使用瞬时值表达式和波形图进行计算是相当复杂的。为了简化交流电路的运算过程，我们可以采用相量来表示正弦量，并利用复数关系进行计算。需要特别强调的是，正弦量是一个可以通过示波器观察到的物理现象，而复数则是一个数学工具，仅用于表示正弦量，两者之间不能简单地用等号来表示。

相量式：若用复数的模表示正弦量的大小（有效值），用复数的辐角表示正弦量的初相位，则这个复数可以用来表示一个正弦量，该复数又包含四种表示方式：极坐标式、指数式、代数式、三角函数式。

相量图：在复平面上表示正弦量的大小和相位关系的有向线段称为相量图。该有向线段的长度表示正弦量的有效值，与横轴的夹角表示正弦量的初相位。

关于相量表示法做以下几点说明。

（1）只有正弦周期量才能用相量表示，相量不能表示非正弦周期量。

（2）只有同频率的正弦量才能画在同一相量图上，否则无法进行比较和计算。

（3）在相量图中，可以用幅值相量，也可化为有效值相量，但是必须注意，有效值相量在纵轴上的投影不再代表正弦量的瞬时值。

（4）作相量图时，各相量的相对位置很重要。一般任选一个相量为参考相量，通常把它画在直角坐标系的横轴位置上，其余各相量的位置，则以与这个参考相量之间的相位差角来确定。

在交流电路的分析计算中，常常需要将几个同频率的正弦量相加或相减。

第二节　功率因数的提高

直流电路的功率等于电流与电压的乘积，但在计算交流电路的平均功率时，还要考虑电压与电流间的相位差 φ，即：

$$P = UI\cos\varphi$$

$\cos\varphi$ 称为功率因数，它取决于电路（负载）的参数。只有在纯电阻负载（如白炽灯、电加热器等）的情况下，电压和电流才同相，即 $\cos\varphi=1$。就负载而言，$\cos\varphi$ 均介于 0 与 1 之间，电路中发生能量互换，出现无功功率 $Q=UI\sin\varphi$，这样就引起下面两个问题。

一、发电设备的容量不能充分利用

若电路的功率因数为 $\cos\varphi$，则发电机所能输出的有功功率为：

$$P = U_n I_n \cos\varphi$$

功率因数愈低，发电机输出的有功功率就愈小，例如，一台发电机的容量为 75 000 kV·A，若电路的功率因数 $\cos\varphi=1$，则发电机可输出 75 000 kW 的有功功率；若 $\cos\varphi=0.7$，则发电机最多只输出 75 000×0.7=52 500 kW 的有功功率，发电机输出功率的能力没有被充分利用，其中有一部分能量（无功功率）在发电机与负载之间进行互换。

二、增加线路和发电机绕组的功率损耗

当发电机的电压 U 和输出功率 P 一定时，电流 I 与功率因数成反比，即：

$$I = \frac{P}{U\cos\varphi}$$

而线路和发电机绕组上的功率耗 ΔP 则与 $\cos\varphi$ 的平方成反比，即：

$$\Delta P = rI^2 = \left(r\frac{P^2}{U^2}\right)\frac{1}{\cos^2\varphi}$$

式中，r 是发电机绕组和线路的等效电阻。

可见，提高功率因数有很大的经济意义，功率因数的提高，能使发电设备的容量得到充分利用，同时也能节约大量电能，在同样的发电设备的条件下多发电。

提高功率因数的基本思想是在保证负载获得的有功功率不变的前提下，减小其无功功率。工业企业中用得最广泛的动力装置是感应电动机，它相当于感性负载。为了提高其功率因数，可通过在负载上并联适当的电容器来实现（设置在用户或变电所中）。

感性负载上并联电容器以后，减少了电源与负载之间的能量互换，这时电感性负载所需的无功功率，大部分或全部都是由电容器供给，即能量的互换主要或完全发生在电感性负载与电容器之间，因而使发电机容量得到充分利用。另外，并联电容器以后，减小了线路电流，从而减小了功率损耗。

第三节　滤波电路

在很多电路中，我们都会涉及滤波电路。滤波就是利用电容或电感随频率而改变的特性，对不同频率的输入信号产生不同的响应，让需要的某一频带的信号顺利通过，而抑制不需要的其他频率的信号。

一、低通滤波器电路

低通滤波器（LPF）是一种用于传递低频信号、衰减高频信号的滤波器。低通滤波器的频率响应主要取决于其设计。

低通滤波器的工作原理是阻止高于设定频率的高频信号通过。不同类型的低通滤波器在结构上有所不同，但其核心原理是利用电抗元件（电阻、电容、电感）的特性来过滤信号。例如，电容对高频信号的阻抗较小，而电感对直流信号的感抗较小，通过组合使用这些元件，可以实现不同的滤波效果。

低通滤波器电路主要分为以下几类：

（1）一阶滤波电路。一阶滤波电路是一种简单的滤波电路，主要用于滤除信号中的高频成分，保留低频成分。一阶滤波电路通常由一个电阻和一个电容组成，这种电路结构简单，常用于信号处理和噪声抑制。

（2）二阶滤波电路。二阶滤波电路包括 LC 滤波电路和 RC 滤波电路。LC 滤波电路由一个电感和一个电容组成，适用于高频滤波；RC 滤波电路则由一个电阻和一个电容组成，适用于低频滤波。

（3）三阶滤波电路。三阶滤波电路包括 T 型三阶滤波电路和 π 型三阶滤波电路。T 型三阶滤波电路由两个电感和两个电容组成；π 型三阶滤波电路由一个电感、两个电容和一个电阻组成。这两种电路适用于需要更高滤波效果的场合。

低通滤波器广泛应用于各种领域，如电子电路、数据平滑、声学阻挡和图像模糊处理等。在电子电路中，低通滤波器常用于滤去整流输出电压中的纹波，减少电磁干扰等。

二、高通滤波器电路

高通滤波器，又称高截止滤波器、高阻滤波器，允许高于某一截频的频率通过，而大大衰减较低频率的一种滤波器。它去掉了信号中不必要的低频成分或者说去掉了低频干扰。高通滤波器电路主要分为两种类型：无源高通滤波器和有源高通滤波器。

（一）无源高通滤波器

无源高通滤波器是仅由无源元件（R、L 和 C）组成的滤波器，它是利用电容和电感元件的电抗随频率的变化而变化的原理构成的。这类滤波器的优点是：电路比较简单，不需要直流电源供电，可靠性高；缺点是：通带内的信号有能量损耗，负载效应比较明显，使用电感元件时容易引起电磁感应，当电感 L 较大时滤波器的体积和重量都比较大，在低频域不适用。

（二）有源高通滤波器

有源高通滤波器由无源元件（一般用 R 和 C）和有源器件（如集成运算放大器）组成。这类滤波器的优点是：通带内的信号不仅没有能量损耗，而且还可以放大，负载效应不明显，多级相联时相互影响很小，利用级联的简单方法很容易构成高阶滤波器，并且滤波器的体积小、重量轻、不需要磁屏蔽（由于不使用电感元件）。其缺点是：通带范围受有源器件（如集成运算放大器）的带宽限制，需要直流电源供电，可靠性不如无源滤波器高，在高压、高频、大功率的场合不适用。

第六章　现代通信网与支撑技术

现代社会正面临着信息技术飞速发展的挑战。通信技术、计算机技术、控制技术等现代信息技术的进步和融合，扩大了信息的传播和应用范围，使得人们能够在广泛的范围内随时随地获取和交换信息。特别是在网络化时代的背景下，人们对信息的渴求日益增强，全球各地的新业务呈现出飞速的增长，这不仅给传统的电信业务带来了巨大的挑战，同时也为现代通信技术的进步创造了新的机会。

第一节　现代通信网的构成要素

在这个高度信息化的社会里，各种信息，如语音、数据、图像和视频等，都是从信息源出发，经过一系列如搜索、筛选、分类、编辑和整理的信息处理步骤，最终被转化为信息产品并传递给信息消费者。这些信息的流通主要是在一个以光纤通信、微波通信、卫星通信和移动通信为基础的高速信息通信网络中进行的。该网络通过交换与路由系统以及各种信息应用系统，覆盖了全社会的每一个角落和每一个人，从而实现了信息资源的高效共享和信息的快速流通。

一、通信的基本概念

（一）通信的基本含义

人们可以通过听觉、视觉、嗅觉和触觉等多种感官来感知现实世界，并从中获取信息。这些信息在人与人之间通过通信进行传递，而物体之间则通过附加的功能器件来实现信息的相互交流，即物联网。因此，通信的核心定义是根据共同的协议来传递信息。它的基本方式是在信源（始端）和信宿（末端）之间建立一个信息传输（转移）通道（信道）来实现信息的传输。换句话说，通信是指人与人、人与自然、物体与物体之间通过某种行为或媒介进行的信息传递和交流。

在过去，由于技术和需求的限制，通信主要集中在语音上。随着信息化社会的兴起，人们对于信息的渴求变得更加丰富和多元。现代通信技术的进步为此创造了有利条件。因此，现代通信不仅仅是指电话、电报和传真这些单一的媒体形式，而是涵盖了声音、文字、图像和数据等多种元素的综合多媒体信息。人们可以通过各种感官，以及传感器、仪器和仪表，来感知现实世界，从而产生多媒体或新媒体（除了人的五官直接感知之外）的信息。这些信息是通过通信手段传递的，因此，通信系统（电信系统）就是利用有线、无线等方式来传输电、光等信息的系统。

（二）通信系统的分类

通信系统可以从不同的角度来分类。

1. 按照通信业务分类

根据不同的通信业务，通信系统可以分为多种类型：① 单媒体通信系统，如电话、传真等；② 多媒体通信系统，如电视、可视电话、会议电话、远程教学等；③ 新媒体通信系统，如物体与物体之间的通信等；④ 实时通信系统，如电话、电视等；非实时通信系统，如电报、传真、数据通信等；⑤ 单向传输系统，如广播、电视等；⑥ 交互传输系统，如电话、点播电视（VOD）等；⑦ 窄带通信系统，如电话、电报、低速数据等；⑧ 宽带通信系统，如点播电视、会议电视、远程教学、远程医疗、高速数据等。

2. 按照传输媒质分类

按照传输媒质分类，通信系统可以分为有线通信系统和无线通信系统。有线通信系统的传输媒质可以是电缆和光缆等。无线通信系统是借助于电磁波在自由空间的传播来传输信号，根据电磁波波长的不同，又可以分为中/长波通信、短波通信和微波通信等。

3. 按照调制方式分类

根据是否采用调制，通信系统可以分为基带传输和调制传输两大类。基带传输是将未经调制的信号直接在线路上传输，如音频市内电话和数字信号的基带传输等。调制传输是先对信号进行调制，再进行传输。

4. 按照信道中传输的信号形式分类

按照信道中传输的信号形式分类，通信系统可以分为模拟通信系统和数字通信系统等。数字通信系统抗干扰能力强，有较好的保密性和可靠性，易于集成化，目前已得到了广泛应用。

二、通信系统的基本组成

通信的基本形式是在信源与信宿之间通过建立一个信息传输通道（信道）来实现信息的传递。由于信源与信宿之间的不确定性和多元性，一般在它们之间的信息传递方式不是固定的。为了便于分析，可通过通信系统的构成模型，将各种通信系统技术归纳并反映出来，如图 6-1 所示。点与点之间建立的通信系统的基本组成包括信源、变换器、信道、噪声源、反变换器及信宿六个部分。

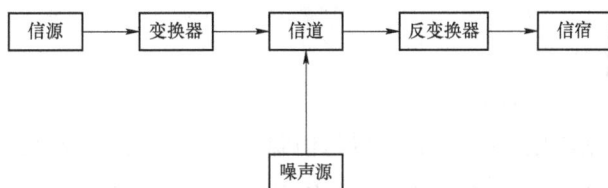

图 6-1　点 – 点单向通信系统构成模型

（一）信源

信源是指产生各种信息（如语音、文字、图像及数据等）的信息源，可以是发出信息的人，也可以是发出信息的机器或器件，如计算机或传感器等。不同的信息源构成不同形式的通信系统。

（二）变换器

变换器的作用是将信源发出的信息变换成适合在信道中传输的信号。对应不同的信源和不同的通信系统，变换器有不同的组成和变换功能。例如，对于数字电话通信系统，变换器包括送话器和模/数变换器等，模/数变换器的作用是将送话器输出的模拟话音信号经过模/数变换、编码及时分复用等处理后，变换成适合于在数字信道中传输的信号。

（三）信道

信道是信号的传输媒介。按传输介质的种类，信道可以分为有线信道和无线信道。在有线信道中，电磁信号被约束在某种传输线（如电缆、光缆等）上传输；在无线信道中，电磁信号沿空间（如大气层、对流层、电离层等）传输。按传输信号的形式，信道又可以分为模拟信道和数字信道。

（四）反变换器

反变换器的作用是将从信道上接收的信号变换成信息接收者可以接收的信息。反变换器的作用与变换器的正好相反，起着还原的作用。

（五）信宿

信宿是信息的接收者，它可以与信源相对应构成人－人通信或机－机通信，也可以与信源不一致，构成人－机通信或机－人通信。

（六）噪声源

噪声源是指系统内各种干扰影响的等效结果。系统的噪声来自各个部分，从发出和接收信息的周围环境、各种设备的电子器件，到信道所受到的外部电磁场干扰，都会对信号形成噪声影响。为便于分析问题，一般将系统内存在的干扰均折合到信道中，用噪声源表示。

以上所述的通信系统只是表述了两用户或两终端之间点到点的单向通信，而双向通信还需要另一个通信系统完成相反方向的信息传送工作。要实现多用户间的通信，则需要将多个通信系统有机地组成一个整体，使它们能协同工作，即形成通信网。多用户或多终端之间的相互通信，最简单的方法是在任意两用户之间均有线路相连，但由于用户众多，这种方法不但会造成线路的巨大浪费，而且也难以大规模实现。为了解决这个问题，以电话通信为例，引入了程控交换机，即每个用户都通过用户线与交换机相连，任何用户间的通信都要经过交换机的转接交换。由此可见，图 6-1 所示的只是两个用户间点到点的专线系统模型，而实际中，一般使用的通信系统则是由适宜的组网拓扑形式和多级交换的节点设施来实现端到端的业务传送。对于广播电视系统，并不是简单地采用如图 6-1 所示的点－点结构，而是由电台或电视台向千家万户以广播（或交互）的方式传送信息和提供服务。

三、通信网的基本组网形式

通信网的基本组网拓扑形式主要有网状型、星型、复合型、环型、总线型和树型等。

（一）网状型网

网状型网中，网内任何两个节点之间均有直达线路相连。如果有 N 个节点，则需要 $\frac{1}{2}N(N-1)$ 条传输链路。显然当节点数增加时，传输链路将迅速增大。这种网络结构的冗余度较大，稳定性较好，但线路利用率不高，经济性较差，适用于局间业务量较大或分局业务量较小的情况。网孔型网是网状型网的一种变型，也就是不完全网状型网。其大部分节点相互之间有线路直接相连，而一小部分节点与其他节点之间没有线路直接相连。哪些节点之间不需直达线路，视具体情况而定（一般是这些节点之间业务量相对少一些）。网孔型网与网状型网相比，可适当节省一些线路，即线路利用率有所提高，经济性有所改善，但稳定性会稍有降低。

（二）星型网

星型网也称辐射网，它将一个节点作为辐射点，该点与其他节点均有线路相连。具有 N 个节点的星型网至少需要 $N-1$ 条传输链路。星型网的辐射点就是转接交换中心，其余 $N-1$ 个节点间的相互通信都要经过转接交换中心的交换设备，因而该交换设备的交换能力和可靠性会影响网内的所有用户。由于星型网比网状型网的传输链路少、线路利用率高，所以当交换设备的费用低于相关传输链路的费用时，星型网与网状型网相比，经济性较好，但安全性较差（因为中心节点是全网可靠性的瓶颈，中心节点一旦出现故障会造成全网瘫痪）。

（三）复合型网

复合型网由网状型网和星型网复合而成。根据网中业务量的需要，以星型网为基础，在业务量较大的转接交换中心区间采用网状型结构，可以使整个网络比较经济且稳定性较好。复合型网具有网状型网和星型网的优点，是通信网中普遍采用的一种网络结构，网络设计应以交换设备和传输链路的总费用最小为原则。

（四）环型网

环型网的特点是结构简单、实现容易，而且由于其可以采用自愈环对网络进行自动保护，所以稳定性比较高。另外，还有一种线型网的网络结构，与环型网不同的是其首尾不相连。

（五）总线型网

总线型网是所有节点都连接在一个公共传输通道——总线上。这种网络结构需要的传输链路少，增减节点比较方便，但稳定性较差，网络范围也受到限制。

（六）树型网

树型网可以看成星型拓扑结构的扩展。在树型网中，节点按层次进行连接，信息交换主要在上下节点之间进行。树型结构主要用于用户接入网或用户线路网中，另外，主从网同步方式中的时钟分配网也采用树型结构。

四、通信网的基本质量要求

（一）一般通信网的质量要求

为了确保通信网络能够迅速、高效和可靠地传输信息，并最大限度地发挥其功能，通常对通信网络提出三个主要要求：连接的灵活性和快速性，信号传输的透明性和传输质量的一致性，以及网络的可靠性和经济合理性。本书介绍的所有通信技术的终极目标都是确保通信系统满足这些质量标准。

1. 连接的任意性与快速性

在通信网络中，连接的灵活性和快速性被视为最根本的需求。这里所指的连接的任意性和快速性意味着网络中的某一用户应当能够迅速地与网络中的其他用户建立连接。如果某些用户无法与其他用户进行通信，那么这些用户很可能并没有在同一个网络内或网络内出现了问题；如果不能迅速地进行连接，可能会导致要传递的信息变得毫无意义，这样的连接可能是无效的。影响接通的主要因素如下：

（1）通信网的拓扑结构：如果网络的拓扑结构不合理，会使转接次数增加、阻塞率上升、时延增大；

（2）通信网的网络资源：网络资源不足的后果是增加阻塞概率；

（3）通信网的可靠性：可靠性降低会造成传输链路或交换设备出现故障，甚至使网络丧失其应有的功能。

2. 信号传输的透明性与传输质量的一致性

信号传输的透明性是指在规定业务范围内的信息都可以在网内传输，对用户不加任何限制；传输质量的一致性是指网内任何两个用户通信时，应具有相同或相仿的传输质量，而与用户之间的距离无关。通信网的传输质量直接影响通信的效果，因此要制定传输质量标准并对资源进行合理分配，使网中的各部分均满足传输质量指标的要求。

3. 网络的可靠性与经济合理性

通信网络的可靠性是至关重要的，一个低可靠性的网络会频繁出现故障，甚至中断通信，这样的网络是不能使用的。然而，一个绝对可靠的网络实际上是不存在的。可靠性的定义是在概率层面上，确保两个相邻故障之间的平均间隔时间（即平均故障间隔时间）满足预定的标准。为了确保可靠性，我们必须将其与经济的合理性相结合。尽管提高可靠性可能需要更多的投资，但其成本过高且难以达成。因此，我们需要在可靠性和经济性之间找到一个平衡点。以上描述的是通信网络的基础需求，但除了这些，人们还可能对通信网络提出更多的要求，并且针对不同的业务需求，这些要求的详细内容和定义可能会有所不同。

（二）电话通信网的质量要求

电话通信是目前用户最基本的业务需求，对电话通信网的三项要求是：接续质量、传输质量和稳定质量。

接续质量是指用户通话被接续的速度和难易程度，通常用接续损失（呼损）和接续时延来度量。

传输质量是指用户接收的话音信号的清楚逼真程度，可以用响度、清晰度和逼真度来衡量。

稳定质量是指通信网的可靠性，其指标主要有失效率（设备或系统工作t时间后单位时间发生故障的概率）、平均故障间隔时间、平均修复时间（发生故障时进行修复所需的平均时间）等。

五、现代通信网的基本分层结构

业务需求驱动了现代通信技术和通信网络的发展，这里所说的通信网是指由一定数量的节点（包括终端设备、交换和路由设备）和连接节点的传输链路相互有机地组合在一起，以实现两个或多个规定点间信息传输的通信体系。也就是说，通信网是由相互依存、相互制约的许多要素和规程约定组成的有机整体，用以完成规定的功能。

传统通信网络由传输、交换、终端三大部分组成。其中，传输与交换部分组成通信网络，传输部分为网络的链路，交换部分为网络的节点。随着通信技术的发展与用户需求日益多样化，现代通信网正处在变革与发展之中，网络类型及所提供的业务种类不断增加和更新，形成了复杂的通信网络体系。

为了更清晰地描述现代通信网络结构，在此引入网络分层的基本概念。

由于传递信息的通信网络结构复杂，从不同的角度来看，人们会对通信网络有不同的理解和描述，例如，可以从功能、逻辑、物理实体和对用户服务的界面等不同角度和层次对通信网络进行划分。为了比较客观和全面地描述信息基础设施网络结构，同时也为了更好地讲述和帮助读者理解，本书根据网络的结构特征，采用垂直描述并结合水平描述的方法对其进行介绍。所谓垂直描述是指为实现用户（端）与用户（端）之间的业务通信，从功能上将网络分为业务与终端、交换与路由和接入与传送；而水平描述是基于用户接入网络实际的物理连接来划分的，可分为用户驻地网、接入网和核心网，或局域网、城域网和广域网等。

网络的分层使网络规范与具体实施方法无关，从而简化了网络的规划和设计，使各层的功能相对独立，因此单独设计和运行每一层网络要比将整个网络作为单个实体设计和运行简单得多。随着信息服务多样化的发展及技术的演进，尤其是随着软件定义网络等先进技术的出现，现代通信网与支撑技术还会出现新的变化与新的发展。

第二节　现代通信网的支撑技术

现代通信网络采用分层的功能结构形式，每层都有不同的支撑技术，这些支撑技术是网络中的核心技术，并构成了现代通信的技术基础。

一、业务与终端技术

（一）通信业务

在当代的通信系统设计中，无论选择何种传输网络架构或业务网络承载方式，其核心目标始终是为用户提供他们所需要的各种通信服务，以满足他们对各种业务服务质量的期望，因此，通信业务始终是与用户直接相关的。通信业务主要涵盖了模拟与数字音频和视频业务（例如普通电话、卫星电话、IP 电话、移动电话、无线对讲与集群通信、广播电视等）、数据通信业务（如虚拟专网、网络商务、电子邮件等）、多媒体通信业务（如分配型业务和交互型业务等）、新兴通信业务（如 5G 时代的物联网业务和移动互联网业务等）。

（二）通信终端

通信终端设备是用户与通信网之间的接口设备，包括信源、信宿与变换器、反变换器的一部分。

终端设备有以下三项主要功能。

（1）将待传送的信息和传输链路上传送的信号进行相互转换，在发送端，将信源产生的信息转换成适合传输链路上传送的信号，在接收端则完成相反的变换；

（2）将信号与传输链路相匹配，由信号处理设备完成；

（3）完成信令的产生和识别，即用来产生和识别网内所需的信令，以完成一系列控制作用；

通信终端技术主要包括以下五种。

（1）音频通信终端技术。音频通信终端是通信系统中应用最为广泛的一类通信终端，它可以是应用于普通电话交换网络 PSTN 的普通模拟电话机、录音电话机、投币电话机、磁卡电话机、IC 卡电话机，也可以是应用于 ISDN 网络的数字电话机，以及应用于移动通信网的无线手机；

（2）视频通信终端技术，如各种电视摄像机、多媒体计算机用摄像头、视频监视器以及计算机显示器等；

（3）数据通信终端技术，如 ISDN 终端设备等；

（4）多媒体通信终端技术，如多媒体计算机终端、机顶盒、电话会议终端、智能移动终端等；

（5）新兴通信终端技术，如物联网终端、智能音箱、智能机器人、车载智能终端等。

二、交换与路由技术

为在网络上实现向用户提供如电话、电报、传真、数据、图像等各种业务，在网络节点上要安装不同类型的节点设备，完成交换与路由功能，并形成不同类型的业务网。业务节点设备主要包括各种交换机（电路交换、X.25、以太网、帧中继、ATM 等交换机）、路由器和数字交叉连接设备（DXC）等。DXC 既可以作为通信基础网的节点设备，也可以作为 DDN 和各种非拨号专网的业务节点设备。业务网包括电话网、数据网、智能网、移动网、IP 网等，可分别提供不同的业务。交换设备是构成业务网的核心要素，它的基本功能是完成接入交换节点链路的汇集、转接接续和分配，实现一个呼叫终端（用户）和它所要求的另一个或多个用户终端之间的路由选择的连接。

（一）电路交换及分组交换技术

电路交换技术是通过为用户（终端）之间提供一条专用通道实现信息传输的一种技术，基于该项技术的网络主要包括公用电话交换网、综合业务数字网、智能网（IN）等。例如，如果需要在两部用户话机之间进行通话，只需用一对线将两部话机直接相连即可，但如果有成千上万部话机需要互相通话，就需要将每一部话机通过用户线连到电话交换机上，交换机根据用户信号（摘机、挂机、拨号等）自动进行话路的接通与拆除。

分组交换技术也称包交换，是将用户传送的数据划分成一定的长度（每个部分叫作一个分组），通过传输分组的方式传输信息的一种技术。基于该项技术的网络，主要包括 X.25 分组交换网、帧中继（FR）网、数字数据网（DDN）、异步转移模式（ATM）网等，基本方式是存储转发分组（包）交换方式。

（二）IP 网技术

随着计算机联网用户的增长，数据网带宽不断拓宽，网络节点设备几经更新，在这个发展过程中不可避免地出现新老网络交替、多种数据网并存的复杂局面。在这种情况下，一种能将遍布世界各地各种类型数据网连成一个大网的 TCP/IP 协议应运而生，从而使采用 TCP/IP 协议的国际互联网（Internet 或 IP 网）一跃成为目前全世界最大的信息网络。

（三）软交换与 IMS 技术

软交换采用了开放的体系结构，主要完成呼叫控制、资源分配、协议处理、路由、认证、计费等功能，同时可以向用户提供现有电路交换系统所能提供的所有业务。

IP 多媒体子系统（IMS，IP Multimedia Subsystem）提供了标准化的体系结构，可支持语音、数据、多媒体等差异性业务。

三、接入与传送技术

业务接入与传送由许多单元组成，完成将信息从一个点接入并传递到另一个点或另一些点的功能，如传输电路的调度、故障切换、分离业务等。从物理实现角度看，接入与传送网技术包括传输媒质、传输系统、传输节点设备以及接入设备。

（一）传输媒质

信息需要在一定的物理媒质中传播，将这种物理媒质称为传输媒质。传输媒质是传递信号的通道，提供两地之间的传输通路。传输从大的分类上来区分有两种：一种是电磁信号在某种传输线上传输，这种传输方式称为有线传输；另一种是电磁信号在自由空间中传播，这种传播方式称为无线传输。

传输媒质目前主要有以下几种。

1. 有线传输媒质——电线与电缆

主要包括双绞线、同轴电缆等。

2. 有线传输媒质——光纤与光缆

光纤是光导纤维的简称，光缆是由多根光纤按照相关工艺制造而成的。光纤通信是以光波为载波、光纤为传输媒介的一种通信方式。光波的波长为微米级，紫外线、可见光、红外线属光波范围。目前光纤通信使用波长多在近红外区内，即波长为 1 310 nm 和 1 550 nm。光纤具有传输容量大、传输损耗低、抗电磁干扰能力强、易于敷设和材料资源丰富等优点，可广泛用于越洋通信、长途干线通信、市话通信和计算机网络等许多需要传输信号的场合。

3.无线传输媒质——自由空间

利用自由空间作为传输媒质的通信技术有移动通信、微波通信和卫星通信。

移动通信是指通信双方或至少有一方是在运动中通过自由空间的电磁波和相关的陆地设施进行信息交换的，它使用户随时随地快速、可靠地进行信息联络。

微波通信的频率范围为 300 MHz～300 GHz。微波在空间按直线传播，若要进行远程通信，则需在高山、铁塔或高层建筑物顶上安装微波转发设备进行中继通信。微波中继通信是一种重要的传输手段，它具有通信频带宽、抗干扰性强、通信灵活性较大、设备体积小、经济可靠等优点。其传输距离可达几千千米，主要用于长途通信、移动通信系统基站与移动业务交换中心之间的信号传输及特殊地形的通信等。

卫星通信是在微波中继通信的基础上发展起来的。它是利用人造地球卫星作为中继站来转发无线电波，从而进行两个或多个地面站之间的通信。卫星通信具有传输距离远、覆盖面积大、通信容量大、用途广、通信质量好、抗破坏能力强等优点。一颗通信卫星总通信容量可实现上万路双向电话和十几路彩色电视的传输。卫星通信工作在微波波段，与地面的微波接力通信类似，只不过是利用高空卫星进行接力通信。

（二）传输系统

传输系统包括传输设备和传输复用设备。携带信息的基带信号一般不能直接加到传输媒介上进行传输，需要利用传输设备将它们转换为适合在传输媒介上进行传输的信号，如光、电等信号。传输设备主要有微波收发信机、卫星地面站收发信机、基站设备和光端机等。为了在一定传输媒介中传输多路信息，需要有传输复用设备将多路信息进行复用与解复用。

传输复用设备目前可分为三大类，即频分复用、时分复用和码分复用。

1. 频分复用

频分复用指多路信号调制在不同载频上进行复用，如有线电视、无线电广播、光纤的波分复用、频分多址的 TACS 制式模拟移动通信系统等。

2. 时分复用

时分复用指多路信号占用不同时隙进行复用，如脉冲编码调制复用技术、同步数字体系技术等。

3. 码分复用

码分复用指多路信息调制在不同的码型上进行复用，如码分多址（CDMA）数字移动通信技术等。

（三）传输节点设备

传输节点设备包括配线架、电分插复用器、电交叉连接器、光分插复用器和光交叉连接器等。

（四）接入设备

接入设备主要解决由业务节点到用户驻地网之间的信息传送，根据所采用技术的不同，有多种类型选择，如 ADSL 设备、PON 设备、无线接入设备等。

第三节　现代通信技术的发展趋势

通信技术与计算机技术、控制技术、数字信号处理技术等相结合是现代通信技术的典型标志。目前，通信技术的发展趋势可概括为"五化"，即综合化、融合化、宽带化、智能化和泛在化，而其中的每一"化"都将体现"绿色"通信的基本要素，即通信系统的节能减排。

一、通信业务综合化

现代通信技术的一个突出特性是其业务的综合性。随着社会进步，人们对各种通信服务的需求持续上升，早期的电报和电话服务已经不能满足这样的需求。从当前的情况来看，传真、电子邮件、交互式可视图文以及数据通信的其他多种增值服务都在飞速发展。如果每一种业务都需要建立一个专门的通信网络，那么所需的投资将会很大，但效益却相对较低，同时各个独立网络的资源也无法实现共享。此外，当多个网络同时存在时，统一的管理变得不太方便。若能将各类通信服务，如电话和非电话服务，以数字化的形式整合到一个统一的网络中进行传输、交换和处理，那么上述问题就能得到解决，从而实现网络的多功能性。

二、网络互通融合化

以电话网络为代表的电信网络和以 Internet 为代表的数据网络以及广播电视网络的互通与融合进程将加快。IP 数据网与光网络的融合、移动通信与光纤通信的融合、无线通信与互联网的融合等也是未来通信技术的发展趋势。

三、通信传送宽带化

电信网络发展的核心特点、实际需求以及不可避免的发展方向是通信网络的宽带化。向用户提供快速且全面的信息服务是网络进步的核心追求。近年来，网络的各个层次（例如接入层、边缘层和核心交换层）都在积极研发高速技术，其中高速选路与交换、高速的光传输以及宽带接入技术都有了显著的进步。新一代信息网络的核心技术包括超高速交换、高速互连网关、超高速的光传输和高速的无线数据通信等。

四、承载网络智能化

在通信承载网络的构建中，利用开放式结构和标准接口结构的灵活性、智能分布性、对象个体性、入口的综合性和网络资源的高效利用等策略，可以有效地解决信息网络在业务承载、性能保障、安全可靠、可管理性和可扩展性等方面所面临的各种问题。特别是人工智能和机器学习等先进技术在通信网络中的应用，对通信网络的未来发展产生了深远的影响。

五、通信网络泛在化

泛在网定义为一个遍布各处的网络，它允许任何个体或实体在任何地方、任何时刻与其他任何地方的个体或实体进行各种通信交流。它所提供的服务不仅仅局限于人与人之间的互动，还涵盖了物品之间以及人与物品之间的交互。特别是随着5G网络技术的广泛应用，各式各样的新业务层出不穷，这些业务正在改变社会的面貌，例如物联网、车联网和工业互联网等。

随着网络架构的不断演变和宽带技术的持续进步，传统网络正逐步向下一代的通信和信息网络方向发展，并将展现出以下几个显著特点：业务整合、高速宽带接入、移动泛在通信、兼容互通、安全可靠、高效节能、软件定义和智能互联等。虽然当前许多技术仍在研究和开发阶段，但它们已经向我们揭示了充满希望的发展潜力。

第七章 电力通信技术

第一节 电力通信技术概述

一、电力通信技术的分类

（一）电力线载波通信技术

电力线载波通信（power line carrier co mmunication，PLCC）是一种载波通信方法，主要采用高压传输线作为传输通路。这种通信方式主要用于电力系统的调度通信、远程控制、保护、生产命令、管理服务通信和电力系统的各种信息的传输。其电力线路设计用于 50 Hz 高压的传输，具有线路衰减小、机械强度高、传输可靠的优点。电力线载波通信多路复用电力线进行通信，不需要基础设施投资和通信线路建设的维护成本，是电力系统特有的通信方式。根据发送信号时使用的不同电力线电压电平，电力线载波通信可分为高压电力线载波通信、配电线载波通信和低压配电线载波通信等。传输线载波（transmission line carrier，TLC）是指使用 110 kV 或更高的高压电力线传输通信信号的通信方法。配电线载波（distribution line carrier，DLC）是指用于通过配电网电力线发送信号的通信方法。用于配电线载波通信的电力系统广泛用于配电网络的监视和控制功能以及远程抄表功能和负载控制功能。低压线载波（low voltage line carrier, LVLC）是指通过低压电网中的低压配电网的电力线传输信号的通信方法。我国直接从国外引进低压配电线载波通信技术，但由于对低压电网的干扰较大，载波通信的质量和效率受到严重影响，尚未得到广泛推广。目前，我国 500 kV 和 220 kV 电缆线路上的继电保护通道的通信通常采用电力线载波通信方式。

（二）光纤通信技术

光纤通信是一种常见的通信方式，它以光波作为载波，以光纤作为传输介质，并且由多路复用、光收发器、光中继和光缆等设备组成。多路转换是将各种信号源转换成光电信号；光收发器将电信号转换成光信号，并使用光强调制方法分为模拟光收发器和数字光收发器；光中继器将强度衰减的光信号转换成电信号，放大后再转换成用于长距离传输的光信号。光纤通信网络主要包括同步数字主干网络（synchronous digital hierarchy, SDH）、光纤以太网、串行异步光网络和以太网无源光网络。SDH 是一种具有一套新国际标准的同步数字光纤通信系统。它是一种用于节省信道资源的信道复用方法，也是一种通信组网原理。过去，光纤通信系统中使用的准同步数字系统没有统一的国际标准，是各国开发的具有不同线路模式、传输速率和接口标准等的光纤通信系统。以太网使用光纤介质进行网络通信，以形成光纤以太网通信方法。以太网使用网络层的以太网协议和传输层的 TCP/IP，通信速率可达到 10 Mb/s 及以上。在增加少量成本的基础上，串行异步光网络光收发器可以使用时分复用技术在同一对光纤上复用多个相对独立的逻辑信道，并为数据提供 1～4 个光方向实现分组通信和交叉连接功能提供可靠的技术支持。以太网无源光网络（EPON）基于以太网，但光传输和分配不需要为一对多光纤通信网络提供电源。EPON 由三部分组成，即线路侧设备、中间无源光分路设备和用户侧设备。

（三）无线通信技术

无线通信在智能网络时代迅速发展，同时被广泛应用。在电力通信领域中使用的无线通信技术主要包括微波通信、移动通信和卫星通信等。

微波通信是指一种采用微波（射频）作为载波以携带信息，并且通过无线电波空间进行中继的通信方法，它常用微波通信的频率范围为 1～40 GHz。微波以直线行进，如果需要进行远程通信，必须在山、塔或高层建筑的顶部安装微波转发装置以进行中继通信。微波通信技术主要通过数字中继工作，这种数字中继的工作形式被称为数字微波通信，是指将数字信号加载到微波载波上，并且通过无线电波空间传输多信道信息；移动通信是指双方通信中的至少一方是在移动中交换信息的通信方法。作为电力通信网络的补充和扩展，移动通信在电力线路维护、事故维修和行政管理中起到非常积极的作用。从发展至今，移动通信技术先后经历了 1G（语音）、2G（语音和数据）、3G（多媒体信息）、4G（高速统一信息服务、多终端接入和自适应网络）和 5G（超高频段数据传输技术，目前处于试验阶段）几个发展阶段，第一代移动通信（1G）主要发送语音信息，第二代移动通信（2G）加入了数据信息的发送功能。目前，中国的无线通信系统已进入 5G 试验运营阶段，各电信运营商正在相互竞争，不断开展 5G 服务；卫星通信是在微波中继通信的基础上发展起来的，卫星通信是两个或多个地球站之间的通信，其利用人造地球卫星作为中继站来转发无线电波。卫星通信也是一种微波通信。卫星中继信道由通信卫星、地球站以及上行链路和下行链路组成，同时使用三个正确配置的同步卫星中继来覆盖地球（除了两极盲区）。卫星通信的特点是无线电波覆盖面积大、传输距离远、通信容量大、稳定性高。目前，卫星通信被广泛用于传输多频道电话、电报、数据和电视。由于其不受地理和自然环境限制的优点，其在偏远山区电力通信的应用优势更加明显，但是存在传输延迟的不足。

（四）现代交换技术

现代交换方式主要有电路交换、分组交换、ATM 异步传送模式、帧中继和多协议标记交换（MPLS）技术等类型。其中，电路交换和分组交换是两种不同的交换方式，分别代表快慢两大范畴的传送模式，帧中继、ATM 异步传送模式都属于快速分组交换的范畴。

电路交换是带宽的固定分配。在建立连接后，即使没有信息传输，也必须占用电路，因此，这种交换方式的电路利用率较低。只有预先建立连接，存在一定的连接建立延迟，并且可以在建立通路之后实时地发送信息，此时的传输延时一般可以忽略；电路交换没有错误控制措施，因此适用于电话交换、文件传输和高速传真，而不适用于突发流量和错误敏感数据服务。

分组交换是一种存储转发交换，它将需要传输的信息划分为一定长度的数据包，也称为"分组"，以分组为单位进行存储和转发。每个分组信息包含源地址和目的地地址的标识符。在发送数据包之前，必须首先建立虚拟电路然后顺序发送。在分组交换网中，可以在一条实际的电路上传输许多对用户终端间的数据。其基本原理是把一条电路分成若干条逻辑信道，对每一种逻辑信道有一个编号，称为"逻辑信道号"。分组交换最基本的思想就是实现通信资源的共享。分组交换最适合数据通信。数据通信网几乎全部采用分组交换。快速分组交换为尽量简化协议，只具有核心的网络功能，以提供高速、高吞吐量和低时延服务的交换方式。

ATM 异步转移模式是电信网络发展的一个重要技术，是为解决远程通信时兼容电路交换和分组交换而设计的技术体系；帧中继（frame relay，FR）技术是在开放式系统互联模型（open system interconnection，OSI）第二层上用简化的方法传送和交换数据单元的一种技术。MPLS 技术是一种新兴的路由交换技术，是结合二层交换和三层路由的集成数据传输技术，它不仅支持网络层的多种协议，还可以兼容第二层上的多种链路层技术；采用 MPLS 技术的 IP 路由器以及 ATM、FR 交换机统称为"标记交换路由器"（label switching router，LSR）。使用 LSR 的网络相对简化了网络层复杂度，兼容现有的主流网络技术，降低了网络升级的成本。此外，业界还普遍看好用 MPLS 提供虚拟专用网络（virtual private network，VPN）服务，以实现负载均衡的网络流量工程。

（五）现代通信网技术

现代通信网按功能可以划分为传输网和支撑网。支撑网是使业务网正常运行，增强网络功能，提高全网服务质量，以满足用户要求的网络。在各个支撑网中传送相应的控制、监测信号。

支撑网包括信令网、同步网和电信管理网。在采用公共信道信令系统之后，除原有的用户业务之外，还有一个起支撑作用的、专门传送信令的网络——信令网。信令网的功能是实现网络节点（包括交换局、网络管理中心等）间信令的传输和转接。同步网是在实现数字传输后，在数字交换局之间，数字交换局和传输设备之间均需要实现信号时钟的同步。同步网的功能就是实现这些设备之间的信号时钟同步。电信管理网是为提高全网质量和充分利用网络设备而设置的。网络管理可以实时或近实时监视电信网络的运行，必要时采取控制措施，以达到在任何情况下最大限度地使用网络中一切可以利用的设备，使尽可能多的通信业务得以实现。

（六）接入电网技术

从接入业务的角度看，可简单分为适用于窄带业务的接入网技术和适用于宽带业务的接入网技术。从用户入网方式角度看，Internet 接入技术可以分为有线接入和无线接入两大类。无线接入技术分固定接入和移动接入技术。接入网是由业务节点接口和用户网络接口之间的一系列传送实体（如线路设施和传输设施）组成的、为传送电信业务提供所需传送承载能力的实施系统，可经由 Q3 接口进行配置与管理。接入所使用的传输媒体可以是多种多样的，可灵活支持混合的、不同的接入类型和业务。接入网作为本地交换机与用户端设备之间的实施系统，它可以部分或全部代替传统的用户本地线路网，可含复用、交叉连接和传输功能。

二、电力通信技术的现状

信息和通信技术的应用已经经历了一个漫长的发展过程，直到现在，人类的信息传输已经进入了一个以电信号为载体的通信时代。现代信息通信技术的进步可以被划分为三个主要的发展阶段：初级通信阶段、近代通信阶段和现代通信阶段。在 20 世纪 80 年代，信息和通信技术的进步推动了公共通信服务的完善。主要的移动通信公司已经陆续推出了以数字网络为基础的公共服务以及个人的综合通信服务。国际网络体系结构的标准明确了个人计算机以及计算机局域网的规范和应用领域，与此同时，国际互联网也经历了显著的进步。

电力信息通信技术构成了电力系统实现"智能自动化"的核心，它在电力传输、变电、配电、用电以及调度等多个环节中都起到了关键作用。在我国电力产业的历史长河中，电力通信拥有深厚的背景，它构成了现代电力系统建设的核心部分。电力通信系统是由发电厂、电力部门、变电站等多个传输和交换系统，以及终端设备等多个部分组成的。同时，电力通信系统也充当着确保电力系统能够高效运行的指挥核心角色。中国的电力通信产业已经经历了五个主要的发展时期：从使用同轴电缆到光纤进行传输，从方案设计模式到程序控制模式的转换，从硬件技术到软件应用，从定点通信技术到移动通信技术，以及从模拟网络技术到数字通信网络技术。现代电力通信技术使电网的电力信息交换更加便捷、迅速，也使整个电网的运行变得更加高效、经济、安全和稳定。目前，以数字微波为主线覆盖全国的电网已初步形成。许多新兴通信技术，诸如光纤通信、卫星通信、移动通信、数字程控交换和数字数据网络等也获得了相当广泛的应用。

美国国家标准与技术研究所提出了智能电网互操作性技术框架及路线图，对电力信息通信技术有较多的整体要求：① 在网络的用户（指区域城市市场管理者、公共事业机构等）之间提供双向通信；② 允许电力系统运行管理者监视他们自己的系统和相邻系统，保证能源更可靠地分配和输送；③ 协调和整合技术系统，例如可再生能源、需求侧响应、电能贮藏装置和电力交通运输系统；④ 确保电网和通信网的安全。国家电网公司提出构建新一代电力信息通信网络的战略构想，除了对电力系统中信息业务的综合性要求更强，也对通信方式、安全可靠性等方面提出了新的要求。

随着智能电网中信息和通信技术的应用的发展，电力通信网络也在加速建设和发展。电力通信网络是构成在电网上建立的电力系统的另一实体网络，整个网络的网络运行和网络管理确保了电网的稳定安全运行。电力通信网络是国家专用通信网络之一，国家电力通信网络主要基于光纤传输和微波传输，还有少量的通信方法，如电力线载波传输、卫星通信传输和无线传输。电力通信网络负责的主要业务包括电力系统的数据传输、调度通信和中继保护等。电力通信网络的主要结构是：骨干通信网络覆盖所有区域的电网，终端通信接入网络管理域的一小部分电网，并接入骨干网中的四级通信网络。通信网络（区域间通信网络，区域通信网络）共同构成骨干通信网络的省市通信网络基本上是 35 kV 及以上的网格。多角度、多需求和个性化通信需求等通信业务的发展促进了通信网络的发展。移动通信应用、机密数据传输和高清视频等新兴服务已成为通信技术创新的推动力。随着通信技术的不断发展及其在电力系统中的广泛应用，电力信息通信将进入快速发展的时代。

第二节　电力系统主要通信方式

一、传统电力通信方式

中国的电力系统通信发展大体上可以划分为两个时期。在最初 30 年的时间里，电力系统的通信主要依赖于电力线载波通信和纵横制、步进制交换机等设备，基本上是点对点的通信。随着电力系统技术的不断进步，电力通信也经历了相应的演变，从最初的单一通信电缆和电力线载波，发展到如今的多种通信方式，如光纤、数字微波和卫星等。通信手段主要依赖于程控交换来覆盖国家的主要干线通信网络、国家电话网络以及数字数据网络；电力通信网络相关的业务已从最初的窄带业务逐渐扩展，例如程控语音网络和调度控制信息的传输。同时承载客户服务中心、营销系统、地理信息系统、人力资源管理系统、办公自动化系统、视频会议、IP 电话等各种数据服务。

电力线载波通信是使用传输线作为传输介质的通信方法，它是一种独特的电力系统通信方法，具有可靠性高、成本低、可与输电线路同时建造和使用方便等特点，并且其覆盖范围与电力系统相同。电力线载波通信特别适用于电力系统调度电话、电力系统中发电厂、变电站和开关站的调度自动化和远程控制以及在受保护传输线两端之间传输保护和安全自动装置的信号。因此，对于信道数量少并且需要通信覆盖的工厂站的数量很大的情况，或者当其他通信方法难以实施时，可以优先考虑电力线载波通信。

有线载波通信的通信范围主要包括以下类型：调度员发送调度命令所使用的专用电话和传真等电网调度通信信息；传输遥控、自动装置、继电保护、安全自动装置、计算机实时数据和控制信息以及图像等特殊信息，此外，还有线路维护通信、防洪通信和管理综合通信等。

电力线载波通信是使用传输线作为传输介质的通信方法，因此，电力线载波通信的实现必须首先实现与高压电源的隔离。其次要克服传输线的固有噪声、传输线故障和电力设备的运行等问题对信号传播的影响。因此，除了增加电力线载波功率等措施外，电力线载波通信还必须在电力线上安装线路阻断器。从线路上引下载波形信号时，需要使用包含耦合电容器在内的耦合过滤器等设备。

由于其自身的特性，电力线载波电路在电力通信网络中具有特殊的位置。首先，通信电路与服务对象紧密结合，电力线高频保护通道与受保护线路完全一致，几乎可以覆盖整个电网。此外，电力线载波电路还具有高性能、低成本的特点。其次，经过多年的发展，已经建立了一支具有相当水平和多年运营经验的大型专业团队。而且用于复用保护信号的继电保护通道和电力线载波除了相地耦合方法外，还有多种相相、二相地、不同线路相相和三相全耦合等耦合方式，用于进一步提高可靠性。数字电力载波的使用，利用扩频技术的电力线载波通信设备在工程中起着越来越重要的作用，因此，电力线载波通信在电力专用通信网络中占很大比例。

微波中继通信是指在 300 MHz～300 GHz 范围内使用无线电通信。微波是一种视线传播。由于微波站位于地面，地球表面是曲面，也可能受到山地和建筑物等地形和地貌的影响，因此微波传播的距离不能太远。为了实现远距离通信，通常需要每 40～50 km 建立一个微波中继站以形成微波通信电路，因此通常称为微波中继通信。微波通信具有宽的通信带宽和大的通信容量，并且可以为各种目的发送信息。目前，电力系统主要发展数字微波通信和光纤通信，即通过微波信道和光纤通信传输数字信号。数字微波通信具有抗干扰性强、无信道噪声累积、保密性强、设备集成简单、功耗低和体积小等特点。然而，基于地面的微波中继通信易受外部电磁场的影响，并且受地面的影响很大。有时需要在山上设置站点或使用高塔或缩短距离，设备投资很大。

目前的数字传输主要采用时分复用的方法。数字多路复用系列根据多路复用的可能性将数字多路复用速率分成几个等级的集合。多路复用的一个阶段是将具有较低预定速率的一定数量的数字信号组合成具有较高预定速率的数字信号。该数字信号进一步在更高级别的数字多路复用中与具有相同速率的其他数字信号一起聚合。传统的数字多路复用系列是准同步数字系列（plesiochronous digital hierarchy，PDH）。由于没有统一的 PDH 世界标准且不同制造商的设备无法相互通信，因此数字复用系列已从 PDH 转换为同步数字系列（SDH）。SDH 可以满足用户的多种接入需求，具有网络自愈功能和强大的维护和运营管理功能。

近年来，诸如一点多址微波通信系统之类的一对多点无线通信系统，也称为"点对多点微波通信系统"或"无线用户集中器"以及扩频通信系统也已应用于电力系统通信网络。一点多址微波通信系统采用频分多址或时分多址原理，将微波中继的点对点通信拓展到点对多点通信。通过无线传输实现多个分散用户业务的集中自动交换，可以灵活、经济地组织本地多点通信网络。一点多址微波通信系统具有投资少、安装维护简单、适应性强和扩容方便的特点；扩展频谱通信技术，简称为扩频通信技术，是一种将被传输的信息带宽经大幅度扩展变化后的传输技术。扩频通信具有抗干扰能力强、抗多径衰落能力强、隐蔽性和保密性强等特点，同时扩频通信不干扰同频的其他系统、可靠性高且成本低、安装方便，而且无须申请频率。扩频通信采用码分多址后，其容量加倍。

卫星通信是微波中继通信的一种特殊形式。卫星通信使用人造地球卫星作为中继站，在地球上的无线电台之间进行通信。卫星通信具有通信容量大、建设成本与通信距离无关、能在广播模式下工作以及自我接收和监控的特点。目前，小口径卫星地球站（very small aperture terminal，VSAT）已应用于电力通信网络。VSAT 是具有收发功能的小卫星通信地球站。天线直径1.2～1.8 m 可以满足用户的数据、语音、传真等信息传输的需要。它体积小，结构紧凑，非常适合岛屿、山脉、沙漠和偏远地区，这些地方难以采用其他通信方式。但是，卫星通信要很好地解决信号传播延迟的影响，并实现多址接入。

集群调度通信系统是一种新兴的移动通信方法。集群是许多用户共享多个无线信道，它具有频率利用率高、组网灵活、调度功能强和投资少见效快等特点。它之所以适用于电力通信网络，是因为它可以共享覆盖区域、预留频率、可与本地电话网络连接，并且具有蜂窝电话的性质。

光纤通信是一种通信方法，其中光波用作载波，光纤用作传输介质。光纤通信具有传输频率带宽大、通信容量大、损耗低、无电磁干扰、线径细、重量轻、资源丰富等优点，近年来发展迅速。由于光纤通信不受电磁干扰，因此特别适用于电力系统通信网络。特别是近年来，光纤通信网络技术发展迅速。面对数据流量的爆炸性增长，通信网络需要考虑静态语音服务和不断增加的数据和多媒体服务交换，这对网络设计提出了新的要求。现代通信网络正朝着大容量、更灵活、更可靠、集成多种服务、更智能、更开放的方向发展。

二、SDH

SDH 是光纤通信系统中的数字通信系统，是一套国际标准。同时，SDH 既是一种网络原理，也是一套多路复用方法。在 SDH 的基础上，可以构建灵活、可靠且能够远程管理的国家传输网络和世界传输网络。这种传输网络可以轻松扩展新服务，并使不同制造商生产的设备能够互相操作。过去，光纤通信系统没有一套国际统一的标准，而且每个国家都发布了不同的系统，称为准同步数字系统 PDH。因此，各国使用的速率（传输信号的速度）、线路图案、接口标准和结构是不同的，不能在光路上实现来自不同制造商的设备的互操作性和直接联网，导致许多技术困难和增加的成本。

SDH 是为了弥补 PDH 的不足而产生的，SDH 有以下主要的特点：① 系统中各级信号的传输速率在全球统一，确定了世界通用的光接口标准，使不同厂家生产的设备可以按照统一的接口标准互换使用，从而节省了网络成本。② 所采用的字节复用技术简化了复用和分接技术，上下电路方便，大大提高了通信网络的灵活性和可靠性。③ 在传输模式中，为网络中的管理和控制安排了富余比特，从而大大提高了检测故障和监视网络传输性能的能力。④ SDH 设备还可以形成具有自愈保护能力的环网和具有子网连接保护的网状网络，可以有效防止传输介质被切断、通信服务终止的情况。

三、WDM

随着对高带宽业务需求的快速增长，对传输网络容量的要求也在不断提高。电信号处理的方法和处理能力是有限的。目前使用较多的 10 G SDH 造价高，带宽能力进一步扩展的空间有限，难以满足更高的要求。波分复用（wavelength division multiplexing，WDM）和光交换技术凭借其独特的技术优势和多波长特性，通过波长信道显示出直接联网（即光网络）的巨大潜力。

WDM 技术在骨干网中的应用已成为发展趋势之一。按照通道间隔的差异，WDM 可以分为 CWDM（粗波分复用，通道间隔大于 50 nm）、DWDM（密集波分复用，通道间隔小于或等于 0.8 nm）、SDWDM（超密集波分复用，通道间隔小于或等于 0.04 nm）。

WDM 的技术特点主要包括：① 充分利用光纤的低损耗波段，增加光纤的传输容量，降低单位造价。利用光波分复用技术能大大提高光纤传输带宽的利用率，能实现已有的光纤设施迅速而经济地适应高速信息网的传输需要。② 可同时传输多种不同类型的信号。WDM 可同时在一根光纤上传输多种信号，如声音、视频、数据、图像等，实现多媒体传输。③ 可实现单根光纤双向传输。WDM 器件具有互易性（双向可逆），即一个器件既可合波又可分波，因此可以在一根光纤上实现全双工通信（双向传输），可节省大量的线路投资。④ 对已建成的光纤通信系统扩容方便，只要原系统的功率富裕度较大，就可进一步扩容，而不必对原系统作大的改动。利用光波复用器进行传输时，复用与系统的传输速率和电调制方式无关，即各波分复用信道对信息比特和数据格式是透明的，这对把一个已有的光纤通信系统改变为光 WDM 通信系统具有很大的方便性，新加入的另一个系统在调制方式和传输速率上不受原系统的约束和限制，不同容量的光纤系统以及数字和模拟信号均可兼容传输。

由于光波分复用技术可以在不改变电缆设施的情况下改变通信系统的配置，因此光纤通信网络的设计具有很大的灵活性和自由度，并且易于扩展功能和扩大通信系统的使用范围。随着具有非零色散位移的光纤、宽带放大器和光节点处理技术的发展，下一代高速传输网络转而创建了全光网络 DWDM。目前，具有密集波长分离的非电复用中继的距离可以达到数千公里，并且一个信道的容量已经开始从 10 G 增加到 40 G。

四、MSTP

多业务传输平台（MSTP）是城域传输网络应用的主要技术。MSTP 有三种实现方法：基于 SDH 的多业务传输平台、基于 WDM 的多业务传输平台以及基于分组的多业务传输平台。基于 SDH 的多业务传输平台改进了传统的 SDH 设备，通过灵活的业务自适应将多种业务和不同粒度的多种协议映射到 SDH 帧中，并通过 SDH 环传送。

MSTP 可以支持 VC-3、VC-4 和 VC-12 交叉连接以及连续级联或虚拟级联处理，MSTP 提供如 SDH、ATM、POS 和以太网等丰富的接口，此外，它的接口模块可以替换，灵活适应服务的发展。MSTP 还可以为以太网业务提供二层本地交换，传输链路的可配置带宽，支持 VLAN，具有流量控制、业务和端口聚合或统计复用功能；具有统一智能网络管理，实现业务调度。

除了 SDH 功能之外，基于 SDH 的多业务传输平台 MSTP 还具有 Ethernet 和 ATM 功能。随着电信网络的发展，MSTP 技术也在不断完善，主要体现在以太网服务的处理上，共经历了从支持以太网透传的第一代 MSTP、支持二层交换的第二代 MSTP 和当前支持以太网业务 QoS 的第三代 MSTP 三步。从第一代 MSTP 和第二代 MSTP 的以太网业务支持上看，不能提供良好 QoS 支持的一个主要原因是现有的以太网技术是无连接的，尚没有足够的 QoS 处理能力，为了能够将真正 QoS 引入以太网业务，需要在以太网和 SDH/SONET 间引入一个中间的智能适配层来处理以太网业务的 QoS 要求，第三代 MSTP 由此产生。

第三代 MSTP 的主要技术特点是引入中间智能适配层（1.5 层），采用 GFP 高速封装协议，支持虚级联和自动链路容量调整（LCAS）机制，因此可支持多点到多点的连接，具有可扩展性，支持用户隔离和带宽共享，支持以太网服务 QoS、SLA 增强、阻塞控制、公平接入和服务层保护。

第三代 MSTP 具有以下特点：① 实现有效用户区分。MSTP 系统可以突破由于传统以太网 4 096 个 VLAN 地址造成的网络用户数量的限制，实现有效用户区分和地址重用，即使在相同的 VLAN ID 的情况下，仍能够区分不同用户的业务流，从而适应电信公网应用。② 实现以太网多业务等级。MSTP 系统不仅支持传统的 Best-Effort 业务，而且能够支持保障/规整业务。保障带宽的业务具有严格的延时和抖动保障机制，其业务速率恒定，无论在从用户接口上环或者在经过某个节点时，都会被优先处理，几乎没有抖动，延迟也相当小。③ 实现以太网业务公平性接入。MSTP 系统克服传统以太网在网络发生阻塞时，不能保证业务公平接入的难题，可以在保证业务质量的基础上根据用户的最初约定来公平地提供带宽接入，实现端到端的流量控制。④ 实现细微的带宽颗粒配置。MSTP 系统除支持传统 VC12/VC3/VC4 业务基本颗粒外，还可以提供更灵活的带宽颗粒，实现 100 Kb/s 的带宽颗粒，运营商可以为用户提供更小颗粒带宽的业务租用。⑤ 提供分组环保护。MSTP 系统支持分组环保护，可以在不需要 SDH 层面保护的情况下实现以太网分组环小于 50 ms 的业务保护，提高带宽利用率。

长期以来，中国建设城域网的思路一直是服务网络和传输网络的完全分离，传输网络通常只是数据网络的纯透明通道。此阶段的实际应用是传输网络只需要为数据设备提供相应的数据接口。MSTP 提供的以太网业务和 ATM 业务的交换功能尚未在中国大规模采用。然而，近年来，已经引入了相关技术和产品，包括集成了 MPLS 和分组环技术的第三代 MSTP。MSTP 不仅为数据网络提供传输通道，还提供更优化的网络解决方案，并确保为城域以太网实施新服务。国际技术标准组织和论坛，如 MEF、IETF 和 ITU 等对城域以太网新业务框架、Ethernet Over MPLS 以及弹性分组环 RPR 等新业务和技术进行了标准规范的制定，为 MSTP 设备的使用提供了技术依据。

五、RPR

弹性分组环（resilient packet ring，RPR）技术是一种新型的网络结构和技术，旨在满足分组优化的要求。RPR 网络是由分组交换节点组成的环形结构，相邻节点通过一对光纤连接。网络拓扑基于两个反向传输循环。节点之间的链路是基于光纤的，可以使用 WDM 进行扩展。

光信道是 RPR 分组的共享媒体。分组通过共享介质传输，通常由 MAC 层的一套协议控制传输。通过介质的访问控制和冲突仲裁机制，MAC 层可以保证服务质量（延迟和抖动）和带宽管理。此外，RPR 的 MAC 实现了一种服务保护机制，以避免光纤环失效。它还实现了一种避免拥塞的机制，使系统能够在充分利用资源的同时确保所有已配置服务的 QoS。

RPR（弹性分组环）结合了以太网和 SDH 的优点，它定义了一个独立的物理层，即弹性分组环媒体访问控制层。RPR 的基本特征包括双环结构，统计空间复用，带宽动态分配和多级业务保护机制，基于源路由和业务级别的 50 ms 环保护倒换以及自动拓扑识别。

双环结构主要用于 RPR 使用两根反向光纤的拓扑，其中一根是顺时针方向，另一根是逆时针方向。数据包和控制包在两个光纤上同时传输，因此理论上，带宽将是传统 SDH 网络的两倍。其中，控制分组以最高优先级发送，并在 RPR 的 COS（class of service）服务级别中严格定义，最高优先级不受其他服务的影响。

统计复用技术不同于传统的面向 SDH 电路的 TDM（时分复用）环，这种面向分组的光纤环不为节点分配特定的时隙或带宽，与 ATM 类似，环上各节点统计复用环带宽。统计复用极大地提高了带宽利用率，并容纳了更多用户。空间复用技术提高了环形拓扑中环的传输效率，它允许信息在发送和接收点的两个方向上传输，而不使用环上其他段的带宽，然后接收节点剥离信息，并且环上其他段的带宽可以被其他数据包利用。

RPR 支持带宽动态分配，支持多优先级分组数据传输。RPR 帧结构中有 3 个比特用于定义多达 8 种类型的分组服务级别。多优先级分组传输可以满足不同业务的需求，支持差异化的业务功能。RPR 具有灵活的带宽动态管理，拥塞控制和多级承载业务 QoS 保证机制，可以比 SDH 更有效地分配带宽和处理数据。

RPR 使用源路由环保护倒换机制，源环路保护倒换不同于 SDH 的复用段保护。SDH 复用段保护用于在光纤中断后通过 SDH 报头开销中的 K1 字节和 K2 字节通知节点。因此，服务流必须首先沿着原始路径到达环回，然后沿着反向光纤穿过保护通道到达另一个环回，然后环回到达出口。当 RPR

光纤中断时，中断处的两个节点将发送控制信号，以沿光纤方向通知每个节点。在接收到该信息之后，服务流源节点立即基于目的节点的逻辑 MAC 地址将数据发送到目的节点，从而实现环保护。根据不同服务级别切换相同服务级别的原则，RPR 的业务切换将依次反转为反向光纤，可以基于源路由切换来保存基于光纤的带宽资源。

在 RPR 环中，每个节点通过在固定时间发送类似于路由协议 OSPF 的链路状态消息来监视环的拓扑，包括在光纤环中添加或删除节点、断开光纤等。在环正常情况下，节点没有任何拓扑更新信息。当环初始化、新节点加入和环保护切换时，启动自动识别模式，并且节点向具有逻辑地址的环中的所有节点发送第 2 层消息，每个节点根据此信息确定状态发生变化的节点及其链接状态。因此，在非常短的时间内，RPR 环上的所有节点都收集环的状态信息，包括在环的两个方向上到达另一个节点所需的段数以及环上每个光纤的状态。拓扑自动识别技术使网络初始化配置极其简单，避免了手动配置引起的错误。

RPR 的缺点是：① 最终的国际标准尚未形成，技术中有许多细节需要统一。② 特别是在一些早期版本中，技术缺陷很大。例如，如果 DPT 使用 IP over SRP over SDH 技术，本身效率已经非常低。如果关键节点发生故障，IP 路由将重新收敛，其稳定性将很差。在环上，随着节点数量的增加，用于共享带宽的 DPT 算法或机制变得越来越低效，并且网络变得越来越复杂。

六、ASON

自动交换光网络（automatically switched optical network，ASON）是指在路由和信令控制下执行自动交换的新一代光网络。它引入了传输网络中信令交换的能力，并通过添加控制平面来增强网络连接管理和故障恢复功能。它实时建立符合要求的服务水平协议（SLA）连接，并在不需要时解除连接。

传统的 SDH 网络缺乏实时业务提供能力，业务配置时间过长（配置操作和业务提供手工完成）；交叉数字电平太低，一般为 2 Mb/s 和 155 Mb/s；

带宽利用率太低。一方面，现有的传输网络针对语音业务进行了优化，不适合数据突发的特性。另一方面，传输网络缺乏智能；网络拓扑主要是线性和环形的，并且大量的环路是级联的。网络结构复杂，许多环间电路服务无法得到保护。交叉环节点成为服务调度的瓶颈；网络中的备份容量过大，缺乏高级保护、恢复和选择路由等功能。

ASON 主要由传输平面、控制平面和管理平面三个独立的平面组成。

（一）传输平面

传送平面为用户提供从一个端点到另一个端点双向或单向信息传输功能，监测连接状态信息（如故障和信号质量），并提供给控制平面。它支持现有的及未来可能出现的传输技术，完成光信号传输、复用、配置保护倒换和交叉连接等功能，并确保所传光信号的可靠性。

（二）控制平面

控制平面由一组通信实体组成，这些实体负责完成呼叫控制和连接控制功能，主要用于连接的建立、释放、监视和维护以及在信令网络支持的情况下恢复发生故障的连接。ASON 控制平面的作用是快速有效地配置传输网络中的连接，以支持交换连接和软永久连接；然后配置或修改支持预设调用的连接；完成恢复功能。控制平面主要面向客户层服务，侧重于服务切换的实时性。控制平面有发现机制、信令技术和路由技术这三个主要功能。

（三）管理平面

管理平面完成传输平面、控制平面和整个系统的维护功能。它主要面向网络运营商，专注于掌握网络运营和优化网络资源。它负责所有平面的协调，可以配置和管理端到端连接，是对控制平面的补充，包括网元管理系统和网络管理系统，具有 M.3010 所规范的管理功能，即性能管理、故障管理、配置管理、计费管理和安全管理功能。另外，它还包括内置式网络规划工具。

通过以上这三个平面，ASON 支持三种连接，即永久连接、交换连接和软永久连接。永久连接也被称为供给式连接，由网管系统或者人工完成；而交换连接也被称为信令式连接，是由终端用户根据需要在连接端点间建立的连接，使用信令或控制平面，涉及控制平面内信令单元间信令信息的动态交换，需要网络命名和寻址计划及控制平面协议。软永久连接也被称为混合式连接，是用户-用户的连接，其中端到端连接的用户至网络部分同永久连接一样，由网管系统建立；而端到端连接的网络部分同交换连接一样，使用控制平面建立。此外，在连接的网络部分，连接建立的请求是由管理平台发起，由控制平面建立完成。

七、VoIP与NGN

（一）IP 电话网络及技术

IP 电话是通过 IP 网络传输的具有一定质量的语音服务。它使用的技术统称为 VoIP（IP 语音）。它是分组交换网络语音交换模式中使用最广泛的传输技术，是下一代网络（NGN）传输语音的主要方式。

1. IP 电话网结构

IP 电话网主要由网关、网守等设备组成。

2. IP 电话的关键技术

（1）语音处理技术。在 IP 语音网络的传输中有两个主要问题需要解决：一是在保证一定语音质量的前提下尽可能降低编码比特率，主要通过语音编码技术和静音检测来解决。二是在 IP 网络中保证一定通话质量，目前使用丢包补偿、抖动消除和回波抵消技术。

（2）IP 语音通信协议：① 语音通信控制协议。目前 IP 电话控制信令体系采用的技术主要有 ITU 的 H.323 系列和 IETF 的会话初始化协议（session initiation protocol，SIP），国内运营主要采用基于 H.323 技术的 IP 电话系统。

② 语音信息传送协议 UDP。③ 实时控制协议 RTP。

3. 安全技术

IP 电话系统的安全性和 IP 网络其他业务相似，包括身份认证、授权、加密、不可抵赖性保护和数据完整性五个方面。

4. 服务质量保证技术

IP 电话网主要采用资源预留协议（resource reservation protocol，RSVP）、区分服务、多协议标记交换（MPLS）及进行服务质量监控的实时传输协议来避免网络拥塞，保证通话质量。

5. 国际和国内 IP 电话的标准情况

目前国际介入 IP 电话标准的标准化工作组织有 ITU、IETF、ETSI 和 IMTC 等。ITU 侧重从电信的角度制定 IP 电话标准，其最主要的研究成果是 H.323 协议族，其中 H 系列建议为系统协议和控制协议，G 系列建议为语音编码标准，T 系列建议为传真协议。IETF 与 IP 电话有关的主要协议是会话初始化协议（SIP）协议族。

我国国内标准化组织关于 IP 电话标准的主要有《IP 电话/传真业务总体技术要求》《IP 电话网关设备技术规范》《IP 电话网关设备互通技术规范》《IP 电话网守设备技术要求和测试方法》《No.7 信令与 IP 的信令网关设备技术规范》《流控制传送协议（SCTP）》《No.7 信令与 IP 互通话适配层技术规范—消息传递部分（MTP）第 3 级用户适配层（M3UA）》及《No.7 信令与 IP 互通话适配层技术规范—消息传递部分（MTP）第 2 级用户适配层（M2PA）》等协议。

（二）采用分离网关的 IP 电话系统结构

1. 网关分解

因为集成的 IP 电话网关不仅需要转换不同网络的控制信令，而且还处理各种服务的媒体流，并负责收集一些消息，其功能过于集中，这不仅使得设备复杂，也导致处理能力下降。这种下降可能使网关成为 IP 电话网络的瓶颈。此外，由于对不同厂商使用的协议的理解不同，也给不同厂商的产品之间的互通带来了困难，这使得整体网络性能难以提高，网络的扩展性较差。

为了解决上述问题，提出了网关分解（网关功能分离）的概念。网关功能分为三个部分，即呼叫控制（高层）、资源管理/媒体处理（低层）和信令转换。分解网关易于实现模块化，每个模块都有明确的分工，更适合未来的大型综合业务网络。

2. 采用分解网关的 IP 电话系统结构

采用分解网关的 IP 电话系统网络包含媒体网关控制器（软交换和呼叫代理）、信令网关以及接入简单电话终端的住宅媒体网关 RGW 和支持 PSTN 互通的中继媒体网关 TGW。

RGW、TGW 与媒体网关控制器（MGC）间采用媒体网关控制协议；MGC 之间使用会话启动协议（SIP-T）或与承载无关的呼叫控制协议（BICC）。

（三）下一代网络的体系结构及特点

NGN（下一代网络）是指一个不同于目前一代的，大量采用创新技术，以 IP 为中心，同时可以支持语音、数据和多媒体业务的融合网络。

从业务层的角度来看，NGN 是指下一代业务网络（交换网络是指软交换系统；数据网络是指下一代互联网和 IPv6；移动网络是指 3G 和 4G）；从接入网络来看，NGN 指的是各种宽带接入网；从传输层来看，指的是下一代智能光传送网（ASON）。广义 NGN 指的是下一代融合网络；狭义定义的 NGN 是指基于软交换技术的交换网络，它是当前 TDM 网络的演进和替代。

近年来，ITU 开展了大量的针对 NGN 的研究工作，比较确定的认识是未来方向是发展"全分组的网络基础设施"以及国际电信联盟电信标准分局将沿着全球信息基础设施 GII 已确定的"GII 原理和框架"继续向前发展（GII 是计算机、通信和广播这三种技术融合的中心）。

NGN 不是任何现有网络的简单发展和扩展，而是三网融合的产物。它不仅具有当今各种网络的功能，而且还具有网络融合后产生的新功能。就网络的通信结构而言，NGN 将从今天的 IP 网络发展而来。首先，网络的分组化和 IP 化将基于 IP 从终端、接入网络、局域网到广域网改进 IP 网络的结构以及分组信息的发展。为了满足 NGN 的要求，下一代网络将是以软交换为核心，光网络和分组传输技术的新型开放融合电信网络和计算机网络。下一代网络具有以下特征：① 采用开放式体系架构和标准接口。② 呼叫控制与媒体层和业务层分离。③ 具有高速的物理层、高速链路层和高速网络层。④ 网络层趋于采用统一 IP 协议，实现业务融合。⑤ 链路层趋于采用电信级的分组节点，即高性能核心路由器加边缘路由器以及 ATM 交换机。⑥ 传送层趋于实现光联网，可提供巨大而廉价的网络带宽和可持续发展的网络结构，可透明支持任何业务和信号。⑦ 接入层趋于采用多元化的宽带无缝接入技术。

在功能上，下一代网络由四层组成：网络服务层、控制层、媒体层、接入层和传输层。网络服务层负责在呼叫建立的基础上提供增值服务和管理功能。网络管理和智能网络是该层的一部分；控制层负责完成各种呼叫控制和相应的业务处理信息传输；媒体层负责将用户端发送的信息转换为可以在互联网上传输的格式，并且将信息路由到目的地。该层包含各种网关，负责网络边缘和核心网络之间媒体流的交换和路由；接入和传输层负责用户连接到网络，完成流量集中并将服务传输到目的地，包括各种接入方式和接入节点。

从传统的电路交换网络到 IP/ATM 引导的分组交换网络的演进将是一个长期的过程，因此有必要长时间同时支持两个网络，以解决两网间的互通及业务等的互操作性问题，达到从电路交换网络向分组交换网络的平滑过渡。目前，有重叠网络和混合网络这两种策略。经过几年的探索，大多数人已经认同采用软交换是一种更好的演进策略，可以完成向下一代网络的过渡。

目前，ITU 对 NGN 体系结构的研究仍处于收集问题阶段。国际软交换联盟研究认为，软交换将发挥 NGN 业务节点控制的作用，软交换提供控制媒体网关或 IP 端点间的智能，具有选择可用呼叫处理的能力，能够基于信令和用户数据库信息对呼叫选路，能够转送呼叫到另一网络，具有网管系统的接口。

NGN 的基本特征是：分组传输；控制功能与承载、呼叫和会话、应用等业务分离；服务提供与网络分离，提供开放的接口；使用各种基本服务组件模块提供广泛的服务和应用，包括实时、流、非实时和多媒体服务；具有端到端 QoS 和透明传输功能；通过开放接口规范实现与传统网络的互操作性；具有通用移动性；允许用户自由地接入不同业务提供商；支持多个标志体系，并能将其解析为 IP 地址以用于 IP 网络路由；统一业务具有统一业务特性；融合固定与移动业务；业务功能独立于底层传输技术。

NGN 是一个业务驱动的网络。它的功能是：将业务与呼叫控制分离，呼叫和承载分离。分离的目标是使服务真正独立于网络，灵活有效地实现业务的提供。业务提供商和用户可以配置和定义相应的业务特征，以便在提供业务和应用程序时有较大的灵活性。

NGN 在功能上可分为四个层次：① 接入和传输层。将用户连接至网络，集中用户业务并将它们传递至目的地，包括各种接入手段。② 媒体传送层。将信息格式转换成为能够在网络上传递的信息格式。例如将话音信号分割成 ATM 信元或 IP 包。此外，媒体层可以将信息选路至目的地。③ 控制层。包含呼叫智能。此层决定用户收到的业务，并能控制低层网络元素对业务流的处理。④ 业务（应用）层。在呼叫建立的基础上提供额外的服务。

原有的网络与新网络需并存相当长的时间，所以新网络还需能够和原有网络互通，这就要求新的网络体系能够完成以下功能：实现 TDM 传输网和 SS7 信令网互通；与现有的业务如智能网提供的业务互通；与现有的 PSTN 网络体系融合。

软交换是 NGN 的控制功能实体。软交换为具有 NGN 实时要求的服务提供呼叫控制和连接控制功能，它是 NGN 呼叫和控制的核心软交换设备。软交换位于控制层，为多个服务提供连接控制和路由、网络资源管理、计费和认证等功能。软交换设备使用标准协议与各种媒体网关、终端、应用服务器和其他软交换设备进行通信。

简单地说，软交换是实现传统程控交换机"呼叫控制"功能的实体，但传统的"呼叫控制"功能是与业务结合在一起的。由于不同的业务需要不同的呼叫控制功能，因此要求软交换提供的呼叫控制功能是各种业务的基本呼叫控制。

目前软交换主要完成的功能有媒体网关接入功能、呼叫控制功能、业务提供功能、互连互通功能（H.323 和 SIP、MGCP）、支持开放的业务/应用接口功能、认证与授权功能、计费功能、资源控制功能和 QoS 管理功能、协议和接口功能等。

八、POS

POS（Packet over SDH）基于现有的 SONET/SDH 基础设施提供数据服务，采用高速光纤传输，以点对点方式提供从 STM-1 到 STM-64 甚至更高的传输速率。它执行一种固定的时分多路复用（TDM）电信级别，将 IP 包通过点到点协议（PPP）映射到 SDH 帧中。

POS 的优点是：① POS 技术把任意长度的 IP 包封装到固定长度的 SDH 帧中，利用原有的 SDH 网络进行数据的传输，在光纤资源不足的情况下保护了原有的投资。因为 SDH 是一个长途传输的平台，可以很好地解决数据的远距离传输问题，所以在数据的长距离传输中，使用 POS 技术在一定程度上节省了投资。② 利用 SDH 网络电路级别的自愈恢复性能和良好的可管理性，可使 POS 技术组成的数据网络对信道也有很好的保护，当链路出现故障时，POS 端口也可在 50 ms 内切换到保护信道上。③ 在物理的 SDH 环网上是逻辑的点到点的连接，消除了在物理线路上的多级连接。在设备连接时，只需要加一个 SDH 的信道建立一个点到点的连接。

POS 的缺点是：① POS 技术是在发送端把可变长的 IP 包在传输时封装成固定长的 SDH 帧格式，在接收端把固定长的 SDH 帧还原成可变长的 IP 包，这个过程称为包的拆分重装。包的拆分重装过程复杂，而且重新封装 IP 包的开销比较大。② 一个 SDH 的帧是以 4 个 1 为起始标记的，一个 IP 包很可能是以一连串的 1 表示的。这样 SDH 要分辨哪里是一个 SDH 帧的开始，就需要在封装之前，在一连串的 1 中加入 0，这就是 POS 技术中的扰码问题。③ 由于要解决以上的问题，所以 POS 接口卡中 ASIC 芯片成本很高，导致 POS 接口卡的成本很高。再有 POS 的带宽不能平滑升级，为其使用带来了不便。

九、MPLS

MPLS（多协议标记交换）是一种将 IP 引入 ATM 或帧中继等通信网络，利用标签引导数据高速、高效传输的新技术。具有以下特点：① 多协议标记交换是一种介于第二层和第三层之间的标记交换技术，是专门为 IP 设计的，可以将第二层的高速交换能力和第三层的灵活特性结合起来，使 IP 网具备高速交换、流量控制、QoS 等性能。② MPLS 在网络中的分组转发是基于定长标签的严格匹配，简化了转发过程，转发的硬件基础是成熟的 ATM 交换技术。③ 充分采用原有的 IP 路由，在此基础上加以改进，保证了 MPLS 网络路由具有灵活性的特点。④ 采用 ATM 的高效传输交换方式，抛弃了复杂的 ATM 信令，无缝地将 IP 技术的优点融合到 ATM 的高效硬件转发中。⑤ MPLS 网络的数据传输和路由计算分开，是一种面向连接的传输技术，能够提供有效的 QoS 保证。⑥ MPLS 不但支持多种网络层技术，而且是一种与链路层无关的技术，它同时支持 X.25、帧中继、ATM、PPP、SDH、DWDM，保证了多种网络的互连互通，使得各种不同的网络传输技术统一在同一个 MPLS 平台上。⑦ MPLS 支持大规模层次化的网络拓扑结构，具有良好的网络扩展性。⑧ MPLS 的标签合并机制支持不同数据流的合并传输。⑨ MPLS 支持流量工程、COS、QoS 和大规模的虚拟专用网。⑩ 传送 IP 分组的效率比重叠模型要高，不需要地址解析协议。

十、超长站距光纤传输技术

光纤传输系统中影响传输距离的主要因素包括光纤的衰减系数、色散系数、色散斜率、偏振模色散系数及非线性效应等传输特性。电力通信系统中，光纤中继站的选址、建设和维护都非常困难，需尽量减少中继站数量，尽可能长地采用无中继、超长站距传输。根据目前国内超长距离传输的实际应用及新技术的发展情况，可采用光功率放大器、前置预放大器、后向喇曼放大器以及编码调制、前向纠错编码（Forward Error Correction，FEC）等技术来克服传输衰减的问题，以提高传输距离。

（一）喇曼放大器技术

在超长距离传输系统中，喇曼放大器技术是非常受瞩目的光传输技术，是一种新型的基于低噪声放大技术开发的器件，其主要特征是增益平坦、噪声低，并且利用普通的传输光纤就能实现分布式放大，从而大大提高了系统的光信噪比。目前应用较广的喇曼放大器为分布式喇曼光纤放大器。

（二）FEC 编码技术

纠错编码通过在信号中加入少量的冗余信息来发现并剔除传输过程中由噪声引起的误码，以较低的成本和较小的带宽损失换取高质量的传输。在光传输系统中较多地采用 FEC 技术。

（三）码型技术

不同的线路码型抗光纤信道中噪声、色散、非线性影响的程度不同，选择合适的码型能够在不增加其他设施的条件下延长传输距离。NRZ 码的应用简单，成本低，频谱效率高，但不适用于高速超长距离光信号的传输。RZ 码对非线性效应有较好的适应性，但增加调制器使系统变得复杂，成本高，实用中不采用 RZ 码，而是采用 RZ 码的改进型，主要有 CS-RZ 和 CRZ 等码型。

（四）色散补偿

色散补偿包括色度色散补偿和偏振模色散补偿。色度色散可通过色散补偿模块 OCM（20 km、80 km、120 km）和波长转换器（5 400 ps/nm、9 600 ps/nm）进行补偿。对于偏振模色散 PMD 的控制主要是对光缆光纤本身的 PMD 参数控制，目前电力系统 OPGW 光缆的 PMDQ 参数大多低于 0.5 ps/km。从电力系统光纤通信的现况及发展来看，光缆的 PMD 参数是可以满足一定程度内的光纤电路超长距离传输技术要求的。

目前国内对于前向纠错（FEC）、编码调制等新型技术的综合利用，还没有成熟的商用化经验。在传输网的建设中，可进一步根据技术发展情况，核算无中继传输距离的长度，在满足先进性和可靠性的基础上，适当减少中继站的数量，以节约投资，减少故障点，进一步提高网络可靠性。

十一、技术选择

（一）传输平台的选择

电力通信网络技术平台的选择基于对电力系统业务的分析。电力系统保护、安全自动装置信号沿输电线路的点对点的实时信息传输要求极高的可靠性，传输时延要求在 5～10 ms。对于此类业务，基于 TDM 的 SDH 有其突出的优点。因此，在电力通信网络，SDH 的生存期将被大大延长。

RPR 技术从一开始就是作为城域网技术出现的，适用于城域网络的汇聚和核心层，并且目前各厂家的 RPR 产品标准化程度非常低，无法互通。RPR 不适合作为电力骨干传输网技术。

第三代的 MSTP 包括了 EOS、NGSDH、ATM、IP、MPLS、RPR 等全部技术，解决了电信运营商全面 IP 化的转换问题。EOS 包括了 VCAT、LCAS、

GFP 技术，解决了二层 VPN、以太网带宽控制和计费、廉价以太互联取代昂贵 POS 等问题，同时保留了 SDH 的带宽保护机制。MSTP 技术虽然一开始是作为城域网技术出现的，但是本质上它基于下一代 SDH 技术。SDH 是目前最成熟的传输技术，设备稳定，成本不断降低。对 TDM 话音和线路保护等点到点命令信号的传输能力是无可替代的；对数据网络来说，SDH 带宽保证和强大的保护倒换能力也带来明显好处；SDH 帧结构中丰富的网管开销字节使其能提供强大的网管手段。

而基于 SDH 技术的多业务传输平台 MSTP 则对业务的支持程度更高。

MSTP 既有一定的技术前瞻性（面向未来的基于 IP 的全光网络），又有良好的前向兼容性（能够兼容传统的基于 SDH 技术的 ATM+IP 的多业务组网）。MSTP 技术在相当长一段时间内将有广阔的生存空间和发展前景。

MSTP 设备集成了多种传送网和数据网网络设备的基本功能，可以直接提供多种业务的接入，大大简化了系统的构成，缩短了数据业务电路的提供时间。将 ADM、DXC、TM、DWDM，甚至 ATM 交换功能、以太网二层交换功能进行了有效组合，减少了网络中网元的种类，简化了网络结构。

MSTP 设备在网络中的角色可以灵活配置，因此系统拥有较好的扩展性。在网络建设的初期，由于业务量较小或者对业务量特征掌握不充分，可以对 MSTP 设备采用较低的配置，这样不但可以减少投资风险，而且可以节约建设成本。当需要对网络进行性能调整或者系统扩容时，可以对 MSTP 进行平滑升级。

当采用 MSTP 设备组建网络时，由于网络中网元类型的减少，网络的维护和管理成本也会降低。尤其是 MSTP 设备可以使用统一的网络管理系统，改变了对不同网元类型分别采用不同网管系统的被动局面，减少了业务开通时间，提高了网络监测能力，为提高网络服务质量提供了必要条件。另外，网络中网元类型的减少同样也减少了网络互连互通的压力，提高了网络设备间协同工作的能力。

MSTP 可以支持多种网络拓扑结构（如线形、星形、环形、网状等），支持多种业务类型和高层应用，可以充分利用环形保护和网状恢复能力来解决业务保护问题。

WDM、ASON（自动交换光网络）等传送技术作为新一代智能光网络的代表，有着广阔的前景。但其技术有待于进一步发展，体制有待于标准化，应用需要普及，设备需要成熟，不同厂家的 ASON 设备之间、ASON 设备与现有 SDH 设备的兼容问题等需要先试点运行。

综上所述，基于 SDH 的多业务传输平台 MSTP 技术是构建可运营、可管理的传输网平台的首选。随着 ASON 技术的快速发展和产品的更加成熟稳定，将来可适时采用 ASON 技术，建设 ASON 光网络。

（二）通信网技术体制

在当今瞬息万变的联网环境中，越来越多的高质量、高要求的业务通过 IP 网络传输，IP 协议在这些网络中发挥着关键作用。

IP 协议所具有的最大优势在于，它可以运行在任何介质和网络上，可以保证异种网络的互通，即 "IP over everything"。随着宽带 IP 技术的发展，在 IP 网上传输话音、视频等实时业务，保证服务质量等问题正逐步得到解决。目前正在发展多种算法和协议，将话音、视频业务及传统的数据通信业务转移到 IP 网上，出现了所谓的 "Everything over IP" 的局面，IP 业务即将成为通信业务的主流。

（三）光缆、光芯的选择

目前，电力系统中的电力线载波和微波通信受电力系统运行方式（如电力线路故障和检修等）和大气环境、城市建筑的影响，很难保证其可用性和可靠性。所以，迫切需要一种大容量、高可靠性的新型通信方式来满足现代电力系统正常运行的要求。

光纤通信以其独特的抗干扰性、质量轻、容量大等优点作为信息传输的媒体被广泛应用。而利用输电线路敷设光缆是最经济、最有效的。光缆线路不仅可以满足电力系统内部通信的需要，富余的光纤或容量还可以向社会提供服务。

1. 光缆的选择

在电力系统中，各种电压等级的电力线路连接着发电厂和变电站，这些线路都可以用作光纤通信光缆的敷设路由。随着光纤通信技术的发展，利用电力线路自身的资源优势发展电力光纤通信网络，已成为业界的共识。这些资源优势包括覆盖全国城乡的电力系统高压输电线路、电缆沟管道以及通至千家万户的低压电力线。而且其可靠性大大高于普通架空光缆与地埋光缆。电力系统特种光缆既利用了电力系统自身的资源优势，提高了输电线路杆塔的利用率，又可以提高电力通信的容量，增加电力通信的可靠性。

比较简单的方式是在线路导线的下方另敷设钢绞线，用电缆挂钩将光缆悬挂在钢绞线下，或用钢丝将光缆捆绑在钢绞线下。光缆可以用普通架空光缆、轻型铠装光缆或无金属光缆，也可以采用自承式光缆。这种光缆敷设方式较为经济，但是系统的可靠性较低。

根据可以利用的线路情况，目前比较可靠的敷设方式主要有如下几种：架空地线复合光缆（OPGW）、无金属自承式光缆（ADSS）、架空地线缠绕光缆（GWWOP）、捆绑光缆（AD-Lash）。

第一种是将光纤芯复合到输电线路的架空地线中（OPGW），这种敷设方式光缆将随同输电线路一起敷设，由于光缆受到架空地线的保护，最大限度地提高了可靠性和安全性。对于已有的线路，可以采取更换原有地线的方式来实现。这种光缆敷设方式工程造价较高。第二种是将光缆缠绕在输电线路的架空地线上，称为"架空地线缠绕光缆"（GWWOP），这种敷设方式较OPGW敷设方式工程造价较低，安装方便灵活。第三种是将无金属自承式光缆（ADSS）敷设在输电线路的杆塔上，这种敷设方式光缆不与输电线路的架空地线紧密结合在一起，避免了相互的影响，具有较高的可靠性，但是要求 ADSS 具有足够高的抗拉强度及抗电蚀能力。第四种是将无金属阻燃光缆用钢丝捆绑在输电线路的架空地线下，这种敷设方式施工方便灵活，直观，检查维修方便，工程造价远低于前面几种敷设方式，已得到了广泛的应用。

相对于将光缆敷设于地下管道中，电力系统特种光缆具有自己特殊的优势，但是，地下管道光缆也具有隐蔽性好以及当电力线路发生坍塌（如大雪等自然灾害）时不会受到影响等优点，因此，光缆敷设方式的选择需要根据具体情况而定。

2. 光芯的选择

为了满足通信系统传输信息量迅速增大的需求，同时考虑光纤的价格和光缆的使用寿命，在建设光纤通信系统时，必须选择合适的光纤，使系统具有最佳性能价格比。按照 ITU 关于光纤的建议，可以将光纤分为以下几类。

（1）G.651 光纤。即渐变型多模光纤，工作波长有 1 310 nm 和 1 550 nm 两种，光纤均处于多模工作状态。该光纤主要适用于数据通信局域网。

（2）G.652 光纤。即非色散位移光纤，也称为"常规单模光纤"。该类光纤的零色散波长在 1 310 nm 附近，它既可以使用在 1 310 nm 波长区域，也可以使用在 1 550 nm 波长区域，最佳工作波长在 1 310 nm 区域。考虑到国内用户的需要，GB/T 9771—2000《通信用单模光纤系列》将该类光纤的衰减系数分为 A、B、C 三级。C 级相当于 G.652A 类光纤的最大衰减值，B 级相当于 G.652B 类光纤的最大衰减值，A 级为用户要求的优等品。

G.652A 和 G.652B 光纤主要适用于 ITU-T G.957 规定的 SDH 传输系统和 ITU-T 建议 G.691 规定的带光放大的单通道 SDH 传输及 ITU-T 建议 G.692 带光放大的波分复用传输系统；G.652C 光纤主要适用于 ITU-T G.957 规定的 SDH 传输系统和 ITU-T 建议 G.691 规定的带光放大的单通道直到 STM-16 的 SDH 传输系统。

（3）G.653 光纤。即色散位移光纤。这种光纤在 1 550 nm 处实现了最低衰减和零色散，并且在 EDFA 的工作波长区域内。该光纤主要适用于长距离、单信道、高速光纤通信系统，但用于波分复用时，存在四波混频等非线性效应。

（4）G.654 光纤。即 1 550 nm 性能最佳单模光纤。这种光纤在工作窗口具有极小的衰减系数（0.18 dB/km），与 G.652 比较，其优点是衰减极小，弯曲性能好。该光纤主要适用于传输距离很长，且不能插入有源器件的无中继海底光纤通信系统。

（5）G.655 光纤。即非零色散位移单模光纤。它是专门为新一代光放大密集波分复用传输系统设计和制造的新型光纤，属于色散位移光纤。这种光纤在工作波长处色散不是零值，其原理是采用较低的色散来抑制非线性效应，使其能用于高速率、大容量、密集波分复用的长距离光纤通信系统。G.655光纤又可以进一步分为 G.655A、G.655B、G.655C 三个子类。

G.655A 主要适用于 ITU-T G.691 规定的带光放的单通道 SDH 传输系统和通道速率为 STM-64、通道间隔不小于 200 GHz 的 G.692 带光放大的波分复用传输系统。G.655B 主要适用于通道间隔不大于 100 GHz 的 G.692 带光放大的密集波分复用传输系统。G.655C 与 G.655B 光纤属性和适用范围类似，只是 PMD 要低。

光纤通信技术的发展趋势是提高传输容量、增长中继段的传输距离。而光纤的衰减系数和色散系数则是光通信传输系统提高容量、增长传输距离的限制条件。光纤的选择应根据系统的具体情况和发展规划的容量来考虑。

光纤的工作波长应当从 1 310 nm 窗口移到 1 550 nm 波长窗口。新建光缆采用 G.652+G.655 混合纤芯，其中 G.652 纤芯根据系统传输容量及电路配置需要，适当选用 G.652A、G.652B、G.652C 纤芯。

第八章　电力线载波通信技术

第一节　电力线载波通信技术概述

一、电力线载波通信的特点

（一）独特的耦合设备

电力线上有工频大电流通过，载波通信设备必须通过高效、安全的耦合设备才能与电力线相连。这些耦合设备既要使载波信号有效传送，又要不影响工频电流的传输，还要能方便地分离载波信号与工频电流。此外，耦合设备还必须防止工频电压、大电流对载波通信设备的损坏，确保安全。

（二）线路频谱安排的特殊性

电力线载波通信能使用的频谱由三个因素决定：电力线本身的高频特性；避免 50 Hz 工频的干扰；考虑载波信号的辐射对无线电广播及无线通信的影响。

我国统一规定电力线载波通信使用的频率范围为 40～500 kHz。

电力线在发电厂和变电所内均按相同电压等级连接在同一母线上。同一电厂、变电所中不同电压等级的电力线路处于同一高压区，并由电力变压器将其互相耦合。这样，在一条电力线上开设电力线载波通信时，其信号虽被耦合设备阻塞，仍会程度不等地串扰到同一母线的其他相电力线上去。由于同一母线的不同相电力线间跨越衰耗不大，致使每条电力线上开设载波的频谱不能重复，而只能在 40～500 kHz 频带内合理安排。此外，在同一电力系统中，电力线是相互连接的，若想重复使用频谱，至少需相隔两段电力线路。由于这些原因，同母线上各条电力线所能共同利用的频谱，实际上比 40～500 kHz 还要窄。

（三）线路存在强大的电磁干扰

由于电力线路存在强大的电晕等干扰噪声，因此要求电力线载波设备具有较高的发信功率，以获得必需的输出信噪比。

另外，由于 50 Hz 谐波的强烈干扰，使得 0.3～3.4 kHz 的话音信号不能直接在电力线上传输，只能将信号频谱搬移到 40 kHz 以上，进行载波通信。

二、电力线载波通信方式分类

（一）按照电力线电压等级划分

按照电力线电压等级划分，电力线载波通信可分为高压、中压、低压电力线载波通信。

1. 高压电力线载波

高压电力线载波指应用于 35 kV 及以上电压等级的载波通信设备。载波线路状况良好，主要传输调度电话、远动、高频保护及其他监控系统的信息，用于特高压线路的电力线载波通信设备亦属于此类。

2. 中压电力线载波

中压电力线载波指应用于 10～35 kV 电压等级的载波通信设备。载波线路状况较差，主要传输配电网自动化、小水电和大用户抄表信息。

3. 低压电力线载波

低压电力线载波指应用于 380 V 及以下电压等级的电力线载波通信设备。载波线路状况极差，主要传输电力线上网、用户抄表及家庭自动化的信息和数据。

（二）从使用的带宽角度划分

从使用的带宽角度来说，电力线载波通信分为宽带电力线载波通信和窄带电力线载波通信。所谓电力线宽带通信技术就是指带宽限定在 2～30 MHz 之间、通信速率通常在 1 Mbit/s 以上的电力线载波通信技术，它多采用先进的 OFDM 技术，实现高速数据传输。所谓窄带电力线载波通信技术就是指带宽限定在 3～500 kHz、通信速率小于 1 Mbit/s 的电力线载波通信技术，它多采用普通的 PSK 技术、线性调频 Chirp 技术等。

三、我国电力线载波通信的现状

高压电力线载波是电力行业载波技术应用的主流，随着电力线载波通信技术的不断发展和进步，当今的高压电力线载波通信技术及其在电力通信中的应用已经发生了极大变化。与 20 世纪 80 年代电力线载波应用的鼎盛时期相比，近年来电力线载波通信在许多方面都发生了变化，主要表现为：① 电力线载波技术得到更新换代的发展，由模拟通信发展为数字通信，由单通道发展为多通道。② 电力线载波的应用由原来的基本通信方式改变为备用通信方式。③ 电力线载波传输的信息由话音和远动信号发展为更多的计算机、网络及监控系统的信息。④ 电力通信对电力线载波通信设备的通信容量、接口功能、信息采集、网管性能和质量水平提出了更高的要求。

电力线载波曾经是我国电力通信的基本方式，近几年来随着技术的发展和现场应用需求的变化，电力线载波通信技术及应用方式已经发生了巨大的变革。但是，电力线载波的可靠、路由合理、经济性的特点没有变，需要正确对待电力线载波在电力通信中的作用，发挥每一种通信方式的长处，合理选用电力线载波作为备用通道；积极发展特高压和中压载波；努力研究电力线载波在高速宽带上的技术突破，为电网自动化服务。

电力线通信技术使用电力系统独有的电力线资源进行数据传输，可以应用于居民用户宽带接入、VoIP 电话、居民远程抄表、智能家居等方面，为城市电网提供新传输手段。

第二节　电力线载波通信系统

一、电力线载波通信系统构成

电力线载波通信系统主要由电力线载波机、电力线和耦合设备构成。其中，耦合装置包括线路阻波器 GZ、耦合电容器 C、结合滤波器 JL（又称结合设备）和高频电缆 GL，与电力线一起组成电力线高频通道。

二、电力线载波机

（一）电力线载波机的特点

电力线载波机是将音频信号调制到高频载波上，并通过电力线传送信息的载波通信设备。其特点是：① 电力线上噪声电平很高，为保证接收端信噪比符合要求，载波机发送功率较大（约为 1～100 W）。② 为集中利用发送功率，一台载波机的路数较少。③ 电力线上载波信号的传输衰减受电力系统运行方式及自然状况的影响，接收机应具有较好的自动电平调节系统，在接收信号电平变化较大的情况下，仍使音频输出电平变动很小。④ 主要用来传送电力调度及安全运行所需的电话、远动、远方保护信号。可以复合传送这些信号的，称为"复用机"，而专门传送其中一种信号的，称为"专用机"。

为了满足不同电压等级的线路上开设电力线载波通信的需求，目前国产电力线载波机已形成系列机，通过对系列机的选择和组合，可以实现调度所、发电厂和变电所之间的各种通信。

（二）电力线载波机的主要设施及调制方式

电力线载波机的主要设施包含以下几种。

1. 差/接网络

有变量器差/接设备和有源差/接设备等类型，是指能同时实现差分和汇接作用的网络。

2. 呼叫设备

是指用来完成用户间接续联系的信号系统，也叫振铃设备。

3. 调制设施

载波机中非常重要的组成部分，是实现载波通信的重要环节。

4. 载频供给设备

简称载供设备，是指用于提供各种高频信号的设备。

5. 压缩扩张设备

电力载波通信的线路噪声较大，会严重影响通话质量，因此，需要压缩器或扩张器来抑制噪声。

电力线载波机主要采用单边带幅度调制、双边带幅度调制和频率调制三种调制方式。其中应用最为普遍的是单边带幅度调制方式，这种调制方式也称单边带调幅，采用两次调制及滤波的方法可以除去双边带调幅产生的两个边带中的一个，具有噪声及干扰影响小、提高电力线载波频谱利用率等优点。

（三）典型电力线载波机的组成部件

电力载波机按调制方式可分为双边带电力载波机和单边带电力载波机，其中单边带电力载波机使用更为广泛，是典型的电力线载波机。作为典型的电力线载波机，单边带电力载波机组成部件有：发信支路组件、收信支路组件、声频接口组件、电源系统组件、呼叫和交换组件、勤务系统组件等。

1. 发信支路组件

发信支路组件主要有低通滤波盘和高通滤波盘以及发铃盘和调制盘。低通滤波盘选用低通频率，限制话音信号在标称的频率范围内通过；高通滤波盘的作用是阻止 50 Hz 工频电流及其谐波成分；发铃盘可以进行拨号和发送启机信号。调制盘的作用是将声频信号调制到传输频带。发信支路总体的作用就是对将要发送的音频信号用载波进行中频调制和高频调制，变频后再放大，再将信号传输到高频通道。

2. 收信支路组件

收信支路组件主要有导频接收盘和导频放大盘、低通滤波盘和高通滤波盘和解调盘等。导频接收盘和导频放大盘是收信支路的主要组成部分，解调盘中的高频解调器会将接收到的高频信号解调成 48 kHz 的导频信号，通过应用导频接收盘剔除杂波，然后通过导频放大盘将信号放大，再使用低通滤波盘和高通滤波盘将信号进行滤波，最后再发送到解调盘解调。收信支路总体的作用就是从高频通道上挑选出由对方发送过来的高频信号并对其进行解调，从而恢复出对方所发送的音频信号。

3. 声频接口组件

声频接口组件包含四线声频接口、话音及远动声频信号接口和高频继电保护复用接口等。

4. 电源系统组件

电源系统组件由电力载波机机内电源系统和外供电源组成。

5. 呼叫和交换组件

电力系统中的电话通信主要为调度服务，电力线载波机在传输语音信号时，需要提前呼出对方用户，因此，电力线载波机通常使用自动呼叫方式，从而使主叫用户和被叫用户间能够快速接通，而电力线载波机机内往往设置有自动交换系统，以便提高通路的利用率、实现组网功能。

6. 勤务系统组件

勤务系统组件由勤务盘、音终盘、用户汇集盘和低频放大滤波盘等组成。

（四）设备类型

为满足电力系统载波通信方式的不同需要，电力线载波机可以分成不同机架，一般有载波架、音频架、高频架、人工呼叫台和增音机。其中音频架、人工呼叫台和增音机三种机架不分电压等级，对各种机型都一样。

载波架是按单架设计的电力线载波机，适合于调度所与变电所较近的场合。载波架安装在变电所的载波室，然后用音频电缆连接调度所的电话用户和远动通路。如果调度所与变电所距离较远，为了保证通信质量，一般在调度所侧安装音频架，而在变电所侧安装高频架，两架之间用音频电缆连接。

人工呼叫台主要安装在变电所载波室，用于集中控制所有载波机的维护电话。当变电所载波室的高频架要进行维护通话时，就可以用人工呼叫台来实现。增音机完成长距离通信的增音放大作用。

（五）电力线载波机的主要技术指标

载波通路传输质量的好坏直接影响用户对通信的满意程度，为了评价载波通路传输质量的好坏，提出传输信号电平、通路净衰耗频率特性、通路振幅特性、通路稳定度、通路杂音、通路串音、载波同步、回音与群时延和振铃边际等作为电力线载波机的主要技术指标，这些电气指标是载波通信系统设计、安装和维护运行的依据。

电力线载波机的技术指标应满足国标 GB/T 7255—1995《单边带电力线载波终端机》、IEC 495《单边带电力线载波终端机》及 ITU-T 有关建议。

三、电力线高频通道

电力线高频通道由结合滤波器 JL、耦合电容器 C、阻波器 GZ 和电力线路组成。

（一）耦合装置与耦合方式

1. 耦合装置

耦合装置包括结合设备、加工设备及耦合电容器。结合设备 JL 连接在耦合电容器 C 的低压端和载波机的高频电缆 GL 之间；耦合电容 C 连接在结合设备 JL 和高压电力线路之间，其作用是传输高频信号，阻隔工频电流，并在电气上与结合设备中的调谐元件配合，形成高通滤波器或带通滤波器，耦合电容器的容量一般为 3 000～10 000 pF；线路阻波器 GZ 与电力线路串联，介于耦合电容器在电力线路上的连接点和变电所之间。线路阻波器 GZ 主要由强流线圈、保护元件及电感、电容与电阻等调谐元件组成，线路阻波器的电感量一般为 0.1～2 mH。在结合设备 JL 的输出端子和载波机 ZJ 之间一般用高频电缆 GL 连接，由于载波机的型号不同，高频电缆可以是不平衡电缆或平衡电缆，电缆的阻抗一般为 75 Ω（不平衡）和 150 Ω（平衡）。

2. 耦合方式

目前电力线载波的耦合方式有：相-地耦合、相-相耦合和相-地、相-相混合耦合三种方式。

（1）相-地耦合方式

这种方式将载波设备连接在一根相导线和大地之间，其特点是只需一个耦合电容器和一个阻波器，在设备的使用上比较经济，因而得到了广泛应用。但这种方式引起的衰减比相-相耦合方式大，而且在相导线发生接地故障时高频衰减增加很多。

（2）相-相耦合方式

这种耦合方式需要两个耦合电容器和两个阻波器，耦合设备费用约为相-地耦合方式的两倍；但相-相耦合方式的优点是高频衰减小，而且当电力线路故障时，由于80%的故障属于单相故障，所以具有较高的安全性。目前国内外在一些可靠性要求较高的电力线高频通道中已采用了相-相耦合方式。

除此之外，国内也有少数线路开始采用相-相、相-地混合耦合方式。

（二）电力线高频通道上的杂音干扰

1. 杂音的类型

电力线载波通信利用电力线传输高频信号，电力线上的杂音难免会干扰电力线载波通信。干扰电平高是电力线高频通道最重要的特点之一；这些杂音干扰可以归纳为线路杂音、设备内的固有杂音、制际串音形成的杂音和路际串音形成的杂音四种。

（1）线路杂音。线路杂音主要是由于高压电力线上的高压强电场产生的电晕和绝缘子局部及部分内部放电所造成的。在电力线的杂音中线路杂音的比重最大，因此对电力线载波通信的影响也比较严重。

（2）设备内固有的杂音。设备内固有的杂音包括导体电阻的热噪声、晶体管的热噪声和电源滤波不良产生的纹波电压所引起的杂音等。

（3）制际串音形成的杂音。制际串音形成的杂音是指其他通信设备传输信号时串入设备的不可懂杂音。科学合理地安排载波设备线路频谱以及提高载波设备收信支路的选择性能可有效地减小制际串音。

（4）路际串音形成的杂音。路际串音形成的杂音是指在同一设备中，各通路间的不可懂串音。它主要是由线路放大器等部件的非线性所造成的。提高部件的线性度，增加滤波器的防卫度，选择合适的工作状态都可以减少这种杂音。

2. 对电力线载波通路杂音的要求

杂音对通信质量影响很大，如果话音信号一定，杂音信号电平越大，通信质量就越差；若杂音电平一定，话音信号越大，则通信质量越好。因此衡量杂音对通信质量的影响，不仅要考虑杂音电平的大小，还要考虑信号电平的大小以及信号电平与杂音电平的差值。

信号与杂音电平的差值称为"信杂比"，又称为"杂音防卫度"，用 SNR 表示。当信杂比为 30 dB 时，话音质量有少量杂音，对通话无影响；当信杂比为 20 dB 时，话音质量有较大杂音，尚可维持通话。现行规定，电力线载波通信中话音通路信杂比为 26 dB，载波通路二线端杂音电平不大于 60 dB。

影响载波通道间的干扰有以下因素：① 电力线载波机的发送功率越大，则对其他载波通道的干扰信号越强。② 干扰信号在传输过程中总会有衰减，包括线路传输衰减，相间跨越衰减和阻波器或载波频率分隔设施的跨越衰减等。这些衰减的总和使干扰减小，衰减越大，产生的干扰越小。③ 被干扰的信号越强，则受干扰的影响越小。④ 干扰载波机的收信选择性越高，对干扰信号和被干扰信号的分辨能力越强，则被干扰载波机所受的干扰越小。

（三）电力线载波通道的频率分配

1. 必要性

在电力载波系统规划设计中，需要对电力线载波通道使用频率进行安排。这种安排可防止通道间相互干扰，保证通信系统正常运行。

电力线载波通道产生的干扰如图 8-1 所示，其中电力线载波机 ZJA（通道 A）的频率为 fA，电力线载波机 ZJB（通道 B）的频率为 fB，由于电力线相互连接，各相线之间有电磁耦合，fA 信号可由 C 相耦合至 A 相经线路传输至载波机 ZJB，对 fB 信号产生干扰。同样，fB 信号也可经相似路径干扰 fA。

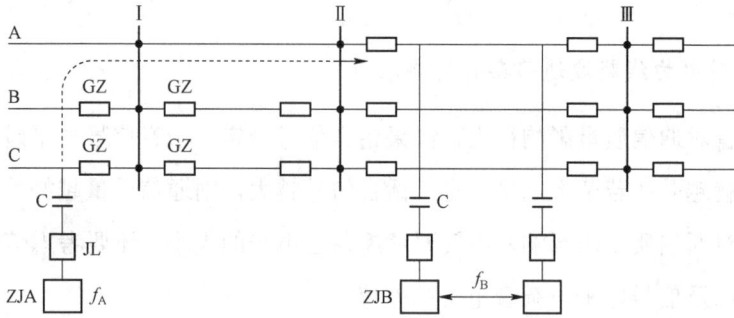

图 8-1　电力线载波通道干扰图（fA、fB——载波机工作频率）

电力线载波通道的干扰可按下式计算：

$$PS/I = PB - (PA - bT - bI - bS)$$

式中：PA 为干扰载波机发送电平（dB）；bT 为干扰信号路径中的跨越衰减（dB）；bI 为干扰信号路径中的传输衰减（dB）；bS 为干扰载波机选择性衰减（dB）；PB 为被干扰载波机接收信号电平（dB）；PS/I 为信号干扰比（dB）。

按上式计算出信号干扰比值 PS/I，要求对可懂串音防卫度大于 55 dB，对不可懂串音防卫度大于 47 dB，表示通道间的干扰在允许范围内可正常运行。

影响载波通道间的干扰有以下因素：① 电力线载波机的发送功率越大，则对其他载波通道的干扰信号越强。② 干扰信号在传输过程中总会有衰减，包括线路传输衰减、相间跨越衰减和阻波器或载波频率分隔设施的跨越衰减等。这些衰减的总和使干扰减小，衰减越大，产生的干扰越小。③ 被干扰的信号越强，则受干扰的影响越小。④ 干扰载波机的收信选择性越高，对干扰信号和被干扰信号的分辨能力越强，则被干扰载波机所受的干扰越小。

为了提高通道间的跨越衰减，减小通道干扰，可以采取在电厂的电力线出线 A、B、C 三相用阻波器阻塞；在电厂的电力线出线 A、B、C 三相加装电力线载波频率分隔设施。

2. 频率分配方法

电力线载波系统使用的频率范围为 40～500 kHz，一条电力线载波电路占用频带宽度为 2×4 kHz，共有 57 组载波电路频带可供安排，通过频率分配应做到使通道间相互干扰满足指标要求，并且在指定的范围内尽可能安排较多的电路，提高频谱的利用率。频率分配方法有频率插空法、频率实测法及频率分组重复法等。

（1）频率插空法。在已占用的电力线载波通道频率的基础上寻找适当的频率空位，选择插入新的载波频率。经过计算，表明新老载波频率间无干扰，即可确定新加通道的频率。这种方法较简单，但频率浪费较大。

（2）频率实测法。与频率插空法类似。用测试方法证明新的载波频率不致造成与其他通道互相干扰，即可以使用。这种方法对频率的浪费也较大。

（3）频率分组重复法。这是一种较为完善的分配方法。其特点是可以重复使用频率，因此可以安排较多的通道。具体方法是根据载波机的收发频率间隔和频率选择性等参数，把载波频谱 40～500 kHz 分成若干标准频率组，如 A、B、C、D 等，每组包括几个载波通道频点。频率组的划分原则为：① 相同的频率组用于一条电力线上，同组内各频点间无相互干扰，载波机可并联使用。② 不同的频率组用于不同的相邻电力线上，频点间无相互干扰。③ 在经过 2～3 个电力线路段之后，可以重复使用频率组，只要经验算频点相互无干扰即可。

频率分组完成后，可以进行频率分配：先选择系统中某一中间部位，一条线路选用一个频率组，如 A 组，其相邻各方向的线路段各选用相邻的频率组，如 B、C、D 等，然后依次更远的线路段选用频率组 E、F、G、H 等。以此类推，一条线路开通电路多时也可分配 2 个频率组，在经过 2～3 个线路段后，频率组可以重复使用。对于较长的线路，应安排用较低频率的频率组。这种方法的优点是：① 频率分配有计划地进行，频率可重复使用，提高频谱的利用率。② 一条线路分一组频率，做到频率预留，对发展留有裕度。在我国已普遍推广使用该方法。

电力线载波的频率分配属于线性规划范畴，可用线性规划数学工具来解决，用计算机和线性规划方法进行频率分配的优化设计。

四、电力线载波通信方式

电力线载波通信方式主要由电网结构、调度关系和话务量多少等因素决定，一般有定频通信方式、中央通信方式和变频通信方式三种。目前我国主要采用定频通信方式和中央通信方式。

（一）定频通信方式

在采用定频通信方式时，电力线载波机发送频率和接收频率都是固定不变的。如图 8-2 所示，图中 A 站 A 载波机的发送频率是 f_1，接收的频率是 f_2，B 站 B1 载波机发送的频率是 f_2，接收的频率是 f_1，A 载波机和 B1 载波机形成一对一的定频通信方式。B 站的 B2 载波机和 C 站 C 载波机也同样形成一对一的定频通信方式。通过 B 站 B1 和 B2 两台载波机的转接，A 站与 C 站也能够进行通话。这种一对一的定频通信方式属于定点通信，它的传输比较稳定，电路工作也比较可靠。

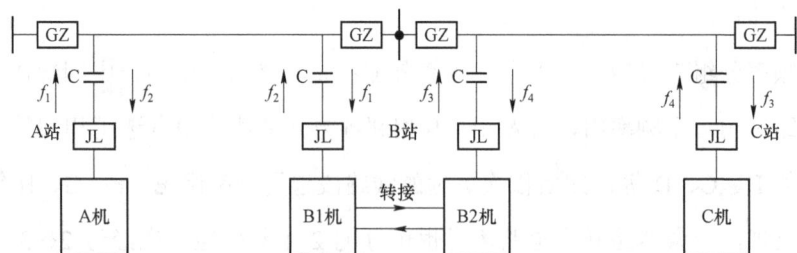

图 8-2 定频通信方式

（二）中央通信模式

为满足图中 A 站与 B、C 两站通话需求，也可采用中央通信模式，如图 8-3 所示。A 机是中央站，A 发送的频率是 f_1，接收的频率为 f_2，B、C 两站都是外围站，发送的频率都是 f_2，接收频率都为 f_1。B、C 两站通常并不会发送信号，只在本站拿起话机呼叫或 A 站先拿话机呼叫到本机时，才发信号与 A 机连接通话，另一台机则不能同时连接，即使呼叫也不发信号。采用这种方式，在 A、B、C 三站或更多站间通信只需使用一对频率，既节约了载波频谱，也减少了设备数量。但这种方式只限 A 站与 B、C 两站或更多外围站分别通话，各外围站之间不能通话。因此，这种方式只宜在通话量少的简单通信网中使用，如集中控制站对无人值守变电所的通信。

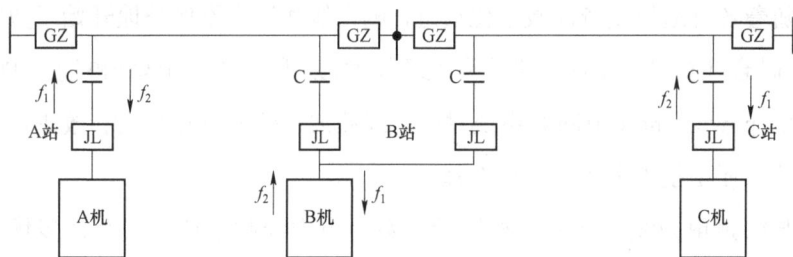

图 8-3　中央通信方式

（三）变频通信方式

为克服中央通信方式的不足，使各站间都能通话，且仍只使用一对频率，可以采用变频通信方式，如图 8-4 所示。A、B、C 这三台载波机在平时不会发送信号，三台载波机发送的频率都是 f_2，接收的频率都为 f_1。其中任何一站在使用话机进行通话时，就会发送信号，发送的频率将会改为 f_1，接收的频率改为 f_2，其他各站的频率则不会改变，在被叫站被选择呼通后，拿起话机与主叫站通话。这种方式发送接收频率需改变，载波机结构复杂，各站间传输衰减变化较大，且调整困难，使得适用范围受到局限。

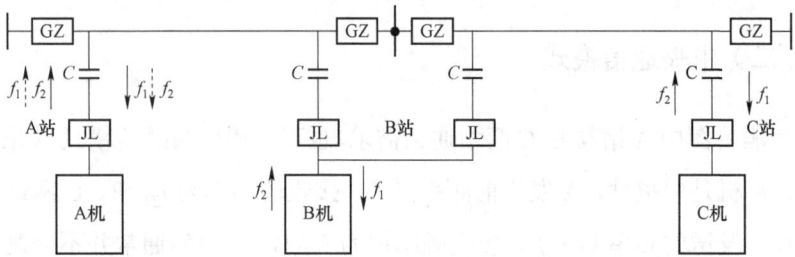

图 8-4　变频通信方式

第三节　数字电力线载波机

一、数字电力载波通信的优点

随着各种通信系统向数字化演进，电力线载波也不例外地开始了数字化进程。融合计算机技术和数字信号处理技术，采用数字电力线载波通信 DPLC（digital power line carrier）系统对电力线载波通信网进行扩展和改进，无论在经济上还是技术上都是最佳选择。

与模拟电力线载波通信相比较，数字电力线载波通信具有许多优点：① 在相同信道带宽（2×4 kHz）条件下，能传输的电话路数增多，数据容量大，频带利用率提高。② 数字方式抗干扰能力强，通信质量得到提高。③ 话音、远动和呼叫信号都变为数字形式，可不必再考虑发信功率的分配，以全功率发出即可。④ 提供的数字接口能适应综合业务数字网（ISDN）的发展趋势，便于灵活组网。⑤ 便于用外部计算机实时修改设备参数及工作状态，实现自动监测与控制。

二、对数字电力线载波机的要求

考虑到现有模拟电力载波机（APLC）的应用情况及将来电力数字通信网的发展，DPLC 应满足以下要求：① 提供现有 APLC 的各种业务（调度电话、远动、远方保护）及新增数据通信业务。② 通道容量应比 APLC 至少大

3 倍。③ 占用与 APLC 相同的带宽，且不改变原有的频谱分配。④ 在线路侧与 APLC 兼容，原有的耦合装置不变，可与 APLC 共同组网。⑤ 具有良好的可扩充性能。⑥ 投资少、功能强、性能价格比高。

三、数字电力线载波机的关键技术

目前的 DPLC 大致有两种类型：一种是模拟体制的 DPLC。这种设备类似于模拟电视接收机的电路数字化，在局部采用了一些先进的数字技术，如数字信号处理技术，在音频部分和其他一些功能实现了数字化，但体制还是模拟的，仍采用传统的单边带方式，收发频带仍各为 4 kHz。但由于数字技术的采用，设备性能得以提高，接口灵活，便于计算机直接监测和控制，如德国西门子公司的 EsB-2000 型、瑞士 ABB 公司的 ETL 型。另一种则是全数字化的载波机。它将音频信号变为数字编码，传输上采用多电平数字调制技术，如多电平正交调幅、网格编码调制等，采用回波抵消技术实现双向通信，信息速率可达到 32 kbit/s，实现了体制的彻底转变，容量得到很大提高，如挪威公司的 A.C.E.32 型。

局部采用数字技术的 DPLC 涉及以下工作：① 载供系统采用锁相频率合成技术实现数字化。② 音频通道复用滤波器采用 DSP 进行数字化。③ 调制、解调部分采用 DSP 进行数字化等。

全数字化的载波机是真正意义上的数字载波机，采用语音压缩编码、数字时分复用、纠错编码、数字调制、自适应均衡、回波抵消等多种数字通信技术，将数字信号（数据、数字化语音、传真等）调制到电力线载波频段（40～500 kHz），通过高压电力线传送，其传输速率及系统容量取决于采用的数字调制方式、占用频带宽度、线路信噪比、模拟信号数字化方法等因素，一般为 10～100 kbit/s，可容纳几路至几十路低速数据或压缩语音信号。

DPLC 主要采用以下几部分数字技术。

（一）DSP 技术

DPLC 采用 DSP 实现滤波、均衡、调制和编码等。

1. 滤波功能的实现

在 PLC 中，各种滤波器是决定设备指标的重要器件。传统 APLC 中滤波器由多级 LC 网络实现，其传输特性受阶数和元件精度的影响，存在较宽的过渡带，致使可用频带相对减少；DPLC 中采用了数字滤波器，可以通过算法和字长的控制，使滤波器具有很小的过渡带而接近理想情况，远动信号可用频带加宽，音频段频带利用率高，话音与远动信号间的干扰也可以减少，并且数字滤波器的参数便于通过软件进行修改，调整非常方便。

2. 均衡的实现

由于通道特性的不理想，信号传输过程中会产生失真，如幅频特性变坏，误码增加。有效的措施是通过均衡修正频率特性和校正冲击响应。第一种均衡是通过串接滤波器对系统传输函数进行修正，以补偿系统频率特性，这种方式称为"频域均衡"，所串的滤波器，可以通过迭代算法不断调整各抽头的加权系数，使总特性能够消除码间干扰，保证信息的可靠传输。

另外，后面将要提到的调制及压缩编码功能也经常由专用 DSP 芯片实现。

（二）高效的多进制数字调制技术

DPLC 中传输的信息为数字形式，对应的调制方式为数字调制。根据通信理论有：

$$R_b = R_s \log_2 M$$

表明采用多电平数字调制技术，可以在信道频带受限时使比特率增加，提高频带利用率。

目前 DPLC 中主要采用多进制正交调幅（MQAM）技术，多进制数字调制的符号数越多，则信息速率越高。但根据通信理论，当点数无限增多时，要保持误码率 P_e 不变，必须提高信噪比，也即要增加发信功率，这就对设备提出了更高的要求。通信理论分析表明，当 $M>4$ 时，QAM 的抗噪性能优于多进制数字调相 MPSK，因此得到广泛应用，如挪威 Nera 公司的 A.C.E.32 型中就采用了 64QAM。

当信道带宽和信噪比一定时，可以通过合理设计基带信号和调制方式使误码率尽可能降低。采用网格编码调制（TCM）技术就是一种有效的措施。它采用了具有纠错能力的卷积码和多电平调制相结合，提高了编码增益（指未编码系统所需信噪比与编码后所需信噪比之差）。与此相应，在解调过程中采用维特比译码来减少误判，增强了纠错能力。

（三）语音压缩编码技术

按照 CCITT G.711 标准，0.3～3.4 kHz 语音信号变为 PCM 码时，速率为 64 kbit/s，按照奈氏第一定理，它所需最小带宽为 32 kHz，与模拟方式（只需 4 kHz）相比，占用巨大的信道带宽和存储空间。若以此方式处理语音，当 DPLC 总容量为 32 kbit/s 时，连一路数字电话都无法准确传输。实际上，64 kbit/s 的语音信息中冗余度相当高，随着数字通信技术的发展和高速 DSP 芯片的产生，低于 64 kbit/s 的语音压缩编码技术得到迅速发展，形成了波形编码和参数编码两大体系。目前 CCITT 制定的语音压缩编码标准有 G.721 的 32 kbit/s DPCM 标准和 G.728 的 16 kbit/s LD-CELP 标准，已广泛用于数字移动通信和卫星通信中。

但这些标准对于信道资源相当紧张的电力线载波通信，速率仍显太高。实际上语音信息的冗余度可以进一步压缩来降低速率，压缩率越高，速率就越低，同样容量的信道能传输的电话路数就越多或数据传输的速率就可以更高。因此各厂家将语音压缩编码技术用于 DPLC 中，旨在降低语音速率，提高电力线载波通道的频带利用率。

DPLC 中的语音压缩编码技术有 Nera 公司的 LASVQ 编码方案和美国

EIA/TIA 编码方案，其语音编码速率约为 8 kbit/s，加上信令及纠错编码合成速率为 9.6 kbit/s。当容量为 32 kbit/s 时，每对载波机可同时传输 3 路电话或同时传输一路电话和两路 9.6 kbit/s 同步数据，或是其他组合方式。

另外，还有更低速率的语音编码技术得到应用。如码激励线性预测 CELP 语音压缩编码技术，除了 G.728 的 16 kbit/s 标准以外，QCELP 标准使速率可达到 4.8 kbit/s，使传输的话音路数可进一步增加，对系统扩容、语音存储及多媒体通信业务的开展具有重要意义。

四、数字电力线载波设备构成

（一）DPLC 设备基本结构

DPLC 设备发送部分的基本结构主要由时分复用、数字调制和高频设备三个功能模块组成。

1. 时分复用模块

时分复用模块将多路数据或数字化信号进行成帧复用，复用后的信号速率通常可达 10~100 kbit/s。在实际设备中，该部分通常还包含各种音频及数据接口电路和模拟信号数字化转换（如 PCM、ADPCM、话音压缩编码等装置），可直接接入电话、远动、数传、电报、传真等设备。

2. 数字调制模块

数字调制模块将时分复用设备输出的高速数字信号通过正交幅度调制、网格编码调制或多载波调制等新型的高效数字编码调制技术，转换为符合电力线载波频带要求的调制信号。采用高效编码调制技术的主要目的是提高频谱利用率。针对电力线上噪声大的特点，为提高系统的抗误码能力，可采用纠错编码技术。

3. 高频设备模块

高频设备模块完成频率搬移、功率放大、阻抗匹配等功能。DPLC 可以和 APLC 一样采用二线双频制通信方式,收发信机分别工作于不同的频段上,还可利用回波抵消技术、采用二线单频制通信方式,从而节省电力线载波的频率资源。

以上三个功能模块可以是协同工作的三套独立设备,也可以部分或全部集成在一台数字载波机内。接收部分与发送部分是对称的,由高频设备、解调设备和去复用三部分组成,其工作过程为发送过程的逆过程。为改善系统的传输性能,接收设备通常采用根据信道特性进行自适应均衡以及对编码调制信号进行最佳检测等技术。

远方保护信号不经过数字信号处理而直接送入高频设备模块。这是因为在电力线载波通道中,以模拟通信方式传送远方保护信号有一定的优越性,相对数字方式来讲,对通道质量的要求低一些,时延也较小。因此,在 DPLC系统中,远方保护信号的传送方式与模拟电力线载波通信系统相同。

(二)数字载波机实例——A.C.E.32 型数字载波机分析

由挪威公司推出的 A.C.E.32 型数字式电力线载波机,是目前比较先进的数字载波机。它以 8 kHz 频带(两个相邻的 4 kHz)建立一条全双工电路,传输 32 kbit/s 的数据信息(含语音和数据)及远方保护信号,电话和数据的传输容量灵活可变,最多可有 3 条话路或 9 条数据通路,输出功率 40~80 W,适合于 220 kV 以上电压等级线路上使用。

A. C.E.32 型数字载波机的结构框图如图 8-5 所示。图中串行数据控制器SDC 是 A.C.E.32 型数字载波机的核心模块,控制电话和分时数据的动态复接,在 TEL/SDI 模块和 ALT 模块间传送串行数据。TEL 为电话通路及编译码器,其语音编码采用低滞后线性预测编码(LASVQ),最多可配置 3 条话路。SDI 是串行数据输入模块,总共可配置 9 条数据通路。

ALT 是线路传输转换部分,经 SDC 复接的数字流在 ALT 中进行数字调制,将要传输的信号转换到电力线载波频段,而接收的载波信号则在这里被解调成基带信号,再由 SDC 分解为不同业务的信号。数字调制采用

64QAM/16QAM/4PSK 三种方式，根据线路传输条件任意设定，分别得到 32/21/1 kbit/s 的传输速率，以保证误码率 $P_e < 10^{-6}$ 在符合范围内。

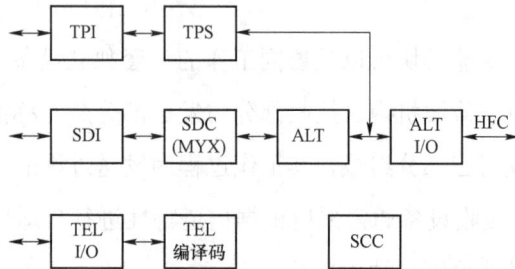

图 8-5　A.C.E.32 型数字载波机的结构

远方保护输入 TPI 和远方保护模块 TPS 对远方保护命令进行处理。当载波机不发送远方保护命令时，将连续发送监护信号；发送远方保护命令时，停止发送监护信号和电话、数据信号，而以全功率发送保护命令信号。

ALT I/O 部分包括线路滤波、差分汇接、功率放大等，最终与高频电缆相连。整个载波机由微机实现实时监督控制（SCC）。

第四节　电力线载波通信新技术

一、中/低压电力载波通信技术的开发及应用

110 kV 以上的高压电力线载波技术已经进入了数字化时代，随着电力线载波技术的不断发展和社会的需求，中/低压电力载波通信的技术开发及应用亦呈现出方兴未艾的局面，电力线载波通信这座被国外传媒喻为"未被挖掘的金山"正逐渐成为一门在电力通信领域乃至关系到千家万户的热门专业。

中低压电力线载波的应用目前主要是在 10 kV 电力线作为配电网自动化系统的数据传输通道以及在 380/220 V 用户电网作为集中远方自动抄表系统的数据传输通道，还有正在开发并取得阶段性成果的电力线上网。在这些方面，中低压电力线载波在 10 kV 上的应用已达到了实用化，作为自动抄表系

统通道的载波应用目前已能够形成组网通信，完成数据抄收功能。关于电力线上网的电力载波技术应用目前已在北京等地开通了实验小区，取得了大量的第一手工程资料，这是一个非常好的开端。至于何时能够进入商业化生产和运营，还需综合考虑技术性能、成本核算和符合国家有关环境政策等方面的问题。

二、中/低压电力载波通信的关键技术

我国大规模地开展用户配电网载波应用技术的研究是在 2000 年左右，目前在自动化系统中采用的载波通信方式有扩频、窄带调频或调相，在使用的设备中，以窄带调制类型的设备居多，其主要原因可能是其成本低廉。

电力线上网的应用由于要求的速率至少需要达到 512 kbit/s～10 Mbit/s，而中低压电力线传输通信信号时信道特性相当复杂，负载多，噪声干扰强，信道衰减大，存在信道延时，通信环境相当恶劣。传统的载波通信原理最大的弱点就是抗干扰能力有限，扩频通信技术和 OFDM 技术是近几年得到快速发展的数字通信技术，两者都具有抗干扰能力强、通信速率高的优点，对于以中低压电力线为传输媒介的场合是较好的通信手段。所以中低压电力线载波大多采用正交频分复用、扩频通信技术。由于采用正交频分多路复用技术（OFDM）调制具有突发模式的多信道传输、较高的传输速率、更有效的频谱利用率和较强的抗突发干扰噪声的能力，再加上前向纠错、交叉纠错、自动重发和信道编码等技术来保证信息传输的稳定可靠，因而成为电力线上网应用的主导通信方式，主要应用于宽带电力线通信及对通信速率要求高的场合。扩频通信是信号所占带宽远远大于发送信息所必需的最小频带宽度的一种传输方式，它因抗干扰能力强而广泛用于电力线载波。

三、中/低压电力载波通信解决方案举例

Archnet 公司积累十多年的低压电网通信技术经验，成功开发并推出迄今为止最佳的电力线载波通信解决方案——基于直序扩频（DSSS）技术的电

力线载波自动抄表系统（AMR）和电力载波通信（PLC）解决方案。直序扩频技术具有高可靠性、高灵活性和低成本等特点，特别适用于低、中速率的数据传输系统，即使在噪声干扰严重的情况下，也可以保证可靠的通信。

使用该技术的 ATL80 系列电力线载波自动抄表（AMR）系统，具有最高的性价比，同时具有低功耗、体积小、灵活的结构配置等特点，特别是其相位识别功能（可以识别出电表或模块所在的相别）为配用电管理提供极大方便，使该系统的使用价值大大提高。

新的直序扩频技术为 Archnet 公司的嵌入式电力线载波 modem（PLC modem）"家族"增添了新的成员（ATL90 系列），为客户提供了更加灵活的、低成本的通信解决方案。Archnet 公司采用了科学的数字处理技术，使 ATL90 系列（PLC modem）和 ATL80 系列（AMR）产品具有无可比拟的优势：① 保证在噪声干扰严重的环境中通信可靠。② 在 30～150 kHz 的频率范围内，提供不同的工作频率，用户可以在一个配电变压器范围内建立多个通信和控制系统。③ 在 150～600 b/s 范围内，提供不同的数据传输速率。④ 低功耗和小体积大大降低客户的二次开发成本。

第九章　光纤通信技术

第一节　光纤通信概述

一、电磁波谱

信息的传输是以电磁波为媒介进行的。电磁波的波谱很宽，通信所用的波段是在波长为千米至微米数量级范围。由于通信的容量与电磁波频率呈正比例关系且随频率增大而增大，所以探索将更高频率的电磁波用于通信技术是人们追求的目标。

电磁波可以按照频率和波长来划分不同的波段，其中常见的划分如下：

（1）无线电波段：频率从 30 kHz～300 GHz，波长从 10 km～1 mm，包括 AM 和 FM 广播、电视信号、卫星通信等。

（2）微波波段：频率从 1 GHz～100 GHz，波长从 30 cm～3 mm，广泛应用于雷达、通信、医学等领域。

（3）红外波段：频率从 300 GHz～400 THz，波长从 1 mm～750 nm，可用于红外成像、红外测温等。

（4）可见光波段：频率从 400 THz～800 THz，波长从 750 nm～380 nm，

是人眼可以看到的光谱范围。

（5）紫外波段：频率从 800 THz～30 PHz，波长从 380 nm～10 nm，可用于紫外灯、紫外线检测等。

（6）X 射线波段：频率从 30 PHz～30 EHz，波长从 10 nm～0.01 nm，被广泛应用于医学、材料分析、无损检测等领域。

（7）γ 射线波段：频率高达数千艾赫兹（EHz），波长极短，可用于核学研究、医学放射治疗等。

二、光纤通信系统基本结构与特点

光纤通信是以光波为载波、以光纤（即光导纤维）为传输媒质的通信方式。

光纤通信系统的基本组成如图 9-1 所示，它包括电发送、电接收、光源、光检测器、光纤光缆线路几部分。

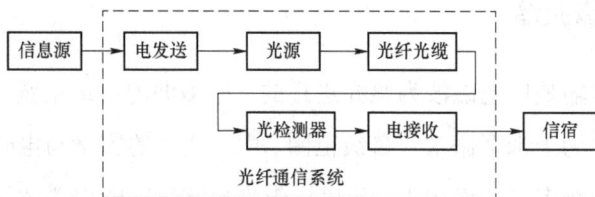

图 9-1　光纤通信系统组成

图 9-1 给出的是一个单向传输的系统，反向传输的结构是相同的。在发送端，电发送部分对来自信息源的信号进行处理，如模/数变换、多路复用等，并对光源的光载波进行调制，把电信号转换成光信号，再耦合到光纤中去。光纤通信系统中的光源有半导体激光器（LD）和发光二极管（LED）两类；光信号通过光纤传输至接收端；在接收端，光检测器对经过光纤传输过来的微弱的光信号进行检测，把光信号转换成电信号。光检测器一般有半导体 PIN 光电二极管和雪崩光电二极管（APD）两类。电接收部分对电信号进行放大、整形、再生等处理，恢复成原信号。对于长距离的光纤通信系统，为了补偿

光纤线路损耗和色散造成的信号衰减和畸变的影响，每隔一定距离需要接入中继器，其作用是把经过衰减和畸变的光信号放大、整形、再生成一定强度的光信号，送入光纤继续传输，以保证整个系统的通信质量。

光纤通信系统中由于采用了电-光、光-电的变换，可以采用光纤而不是电缆来传输信号。因为光纤的带宽和损耗性能比电缆优越得多，即光纤的带宽比电缆宽、损耗比电缆小，因而光纤通信系统不但可以在长途干线上发挥作用，而且在本地网、接入网等传输网络中得到广泛应用。

光纤通信系统由于采用了光纤传输信号实现通信，因此，和其他通信系统相比，它具有一系列独特的优点，主要如下。

（1）频带宽，通信容量大。现在单模光纤的带宽可达 5 THz·km 量级，有着极大的传输容量。值得提出的是，光纤具有极宽的潜在带宽。如将光纤的低损耗和低色散区做到 1.45～1.65 μm 波长范围，则相应的带宽为 25 THz。

（2）传输损耗低，中继距离长。光纤的传输损耗很低，石英光纤在 1.55 μm 波长处的传输损耗已可以做到 0.2 dB/km，甚至达 0.15 dB/km，这是以往任何传输线都无法与之相比的。损耗低，无中继传输距离就长。一般光纤通信系统的无中继传输距离为几十千米，甚至可达一百多千米，比电缆系统的中继距离大很多。

（3）抗电磁干扰。大多数光纤是由石英材料制成的，它不怕电磁干扰，也不受外界光的影响。强电、雷电等也不会影响光纤的传输性能，甚至在核辐射的环境中光纤通信也能正常进行，这是电通信所不能比拟的。因此光纤通信在许多特殊环境中得到了广泛应用。

（4）光纤通信串话小，保密性强，使用安全。光在光纤中传输时，光波集中在光纤芯子中传输，向外泄漏的光能很小。同一根光缆中的光纤之间不会产生干扰和串话，因而保密性好，使用安全。

（5）体积小，重量轻，便于敷设。光纤细如发丝，其外径仅为 125 μm，套塑后的外径也小于 1 mm，加之光纤材料的比重小，成缆后的重量也轻。例如，18 芯架空光缆（或管道）重量约为 150 kg/km，而 18 管同轴电缆的重量约为 11 t/km。经过表面涂覆的光纤具有很好的可绕性，便于敷设，可架空、直埋或置入管道，可用于陆地或海底，在飞机、轮船、人造卫星和宇宙飞船上也特别适用。

（6）材料资源丰富。通信用电缆的主要材料为稀有金属铜，其资源严重紧缺。而石英光纤的主体材料是 SiO_2，材料资源丰富。

（7）系统可靠和易于维护。这主要源于光纤光缆的低损耗特性降低了对中继器或线路放大器的需求。因此，可以使用较少的光中继器或放大器，与传统的传输系统相比，系统的可靠性通常得到提高。此外，光器件的可靠性已不再是一个问题，一般的器件寿命可以达到 20—30 年。这两个因素使得维护时间和系统成本得以降低。

光纤通信的这些优点使其成为当今信息领域的重要支柱。光纤通信的发展日新月异，新的系统、器件不断涌现，为光纤通信不断注入新的活力，使其在通信领域占据了重要的地位。

第二节　光纤传输原理与特性

一、光纤的分类

光纤通信中所使用的光纤是截面很小的可绕透明长丝，它在长距离内具有束缚和传输光的作用。

光纤是圆截面介质波导。光纤由纤芯、包层和涂覆层构成。纤芯由高度透明的材料构成；包层的折射率略小于纤芯，从而可以形成光波导效应，使大部分的光被束缚在纤芯中传输；涂覆层的作用是增强光纤的柔韧性。此外，为了进一步保护光纤，提高光纤的机械强度，一般在带有涂覆层的光纤外面再套一层热塑性材料，称为套塑层（或二次涂覆层）。在涂覆层和套塑层之间还需填充一些缓冲材料，称为缓冲层（或称垫层）。

目前使用的光纤大多为石英光纤。它以纯净的二氧化硅材料为主，为了改变折射率，中间掺以合适的杂质。掺锗和磷使折射率增加，掺硼和氟使折射率降低。

光纤依据不同的原则可有以下不同的分类方法。

（一）按光纤横截面的折射率分布分类

根据光纤横截面折射率分布的不同，常用光纤可以分成阶跃折射率分布光纤（简称阶跃光纤）和渐变折射率分布光纤（简称渐变光纤）两种类型。

（二）按光纤中的传导模式数量分类

光是一种电磁波，它沿光纤传输时可能存在多种不同的电磁场分布形式（即传播模式）。能够在光纤中远距离传输的传播模式称为传导模式。根据传导模式数量的不同，光纤可以分为单模光纤和多模光纤两类。

1. 单模光纤

光纤中只传输一种模式，即基模（最低阶模式）。单模光纤的纤芯直径极小，范围为 $4 \sim 10\,\mu m$，包层直径为 $125\,\mu m$。单模光纤适用于长距离、大容量的光纤通信系统。

2. 多模光纤

光纤中传输的模式不止一个，即在光纤中存在多个传导模式。多模光纤的纤芯直径较大，多模光纤的纤芯一般为 $50\,\mu m$ 或 $62.5\,\mu m$，其横截面的折射率分布为渐变型，包层的外径为 $125\,\mu m$。多模光纤适用于中距离、中容量的光纤通信系统。

需要指出的是，单模光纤和多模光纤只是一个相对概念。光纤中可以传输的模式数量的多少取决于光纤的工作波长、光纤横截面折射率的分布和结构参数。对于一根确定的光纤，当工作波长大于光纤的截止波长时，光纤只能传输基模，为单模光纤，否则为多模光纤。

（三）按光纤构成的原材料分类

1. 石英系光纤

它主要是由高纯度的 SiO_2 并掺有适当的杂质制成，如用 $GeO_2 \cdot SiO_2$ 和 $P_2O_5 \cdot SiO_2$ 作芯子，用 $B_2O_3 \cdot SiO_2$ 作包层。目前这种光纤损耗最低、强度和可靠性最高、应用最广泛。

2. 多组分玻璃光纤

例如，用钠玻璃掺有适当杂质制成。这种光纤的损耗较低，但可靠性不高。

3. 塑料包层光纤

光纤的芯子用石英制成，包层是硅树脂。

4. 全塑光纤

光纤的芯子和包层均由塑料制成。其损耗较大，可靠性也不高。目前光纤通信中主要使用石英光纤。

（四）按光纤的套塑层分类

1. 紧套光纤

典型的紧套光纤各层之间都是紧贴的，光纤被套管紧紧箍住，不能在其中松动。在光纤与套管之间放置了一个缓冲层，以减小外面应力对光纤的作用。紧套光纤的结构简单，使用和测试都比较方便。

2. 松套光纤

光纤的护套为松套管，光纤能在其中松动。管内空间填充油膏，以防水分渗入。松套光纤的机械性能、防水性能都比较好，便于成缆。若一根管内放入 2～20 根光纤，可制成光纤束，称为松套光纤束。

二、光纤的导光原理

光具有波粒二象性，既可以将光看成光波，也可以将光看作是由光子组成的粒子流。因而在分析光纤中光的传输特性时相应地也有两种理论，即射线光学（几何光学）理论和波动光学理论。

射线光学是用光射线代表光能量传输线路来分析问题的方法。这种理论适用于光波长远远小于光波导尺寸的多模光纤，可以得到简单、直观的分析结果。

波动光学是把光纤中的光作为经典电磁场来处理。从波动方程和电磁场的边界条件出发，可以得到全面、正确的解析或数字结果，给出光纤中的场结构形式（即传输模式），从而给出光纤中完善的场的描述形式。它的特点是：能够精确、全面地描述光纤的传输特性，这种理论适合于单模光纤和多模光纤的分析。

（一）采用射线光学分析光纤的特性

1. 多模阶跃折射率光纤的射线光学理论分析

在多模阶跃光纤的纤芯中，光按直线传输，在纤芯和包层的界面上光发生反射。由于光纤中纤芯的折射率大于包层的折射率，所以在芯包界面存在着临界角 ϕ_c。一般将通过光纤轴线的平面称为子午面，把传输中总是位于子午面内的光线称为子午光线。当光线在芯包界面上的入射角 ϕ 大于 ϕ_c 时，将产生全反射。若 ϕ 小于 ϕ_c，入射光一部分反射，一部分通过界面进入包层，经过多次反射后，光很快衰减掉。所以可以形象地说，阶跃光纤中的传输模式是靠光射线在纤芯和包层的界面上全反射而使能量集中在芯子之中传输。

在多模阶跃折射率光纤中满足全反射条件、但入射角不同的光线的传输路径是不同的，使不同的光线所携带的能量到达终端的时间不同，即存在着时延差，也即模式色散，从而使传输的脉冲发生了展宽，限制了光纤的传输容量。采用射线光学的分析方法可以计算出多模阶跃折射率光纤中子午光线的最大时延差。

2. 多模渐变折射率光纤的射线光学理论分析

多模渐变折射率光纤纤芯中的折射率是连续变化的。它随纤芯半径的增加按一定规律减小。采用渐变光纤的目的是减小多模光纤的模式色散。

在渐变光纤中，由于纤芯的折射率不均匀，光射线的轨迹不再是直线而是曲线。适当选取纤芯的折射率的分布形式，可以使不同入射角的光线有大致相等的光程，从而大大减小多模光纤模式色散的影响。

渐变光纤中的子午射线以不同入射角进入纤芯的光射线在光纤中传过同一距离时，靠近光纤轴线的射线所走的路程短，而远离轴线所走的路程长。由于纤芯折射率是渐变的，所以近轴处的光速慢，远轴处的光速快。当折射率分布指数取最佳时，就可以使全部子午射线以同样的轴向速度在光纤中传输。如果光纤的折射率分布采取双曲正切函数的分布，所有的子午射线具有完善的自聚焦性质，即从光纤端面入射的子午光线经过适当的距离会重新汇聚到一点，这些光线具有相同的时延。

（二）采用波动理论分析光纤的特性

光是电磁波，它具有电磁波的通性。因此，光波在光纤中传输的一些基本性质都可以从电磁场的基本方程——麦克斯韦方程组推导出来。一般的求解方法是由麦克斯韦方程组推导出光在均匀介质中的波动方程，经过简化后的波动方程为

$$\nabla^2 E = \mu_0 \varepsilon \frac{\partial^2 E}{\partial t^2}$$

$$\nabla^2 H = \mu_0 \varepsilon \frac{\partial^2 H}{\partial t^2}$$

式中，μ_0 为光波导介质（或真空）的导磁率，e 为光波导介质的介电系数。如果电磁场作简谐振荡，由波动方程可以推出均匀介质中的矢量亥姆霍

兹方程

$$\nabla^2 \boldsymbol{E} + k_0^2 n^2 \boldsymbol{E} = 0$$
$$\nabla^2 \boldsymbol{H} + k_0^2 n^2 \boldsymbol{H} = 0$$

式中，$k_0 = 2\pi / \lambda$ 是真空中的波数，λ 是真空中的光波波长，n 为介质的折射率。

在直角坐标系中，E、H 的 x、y、z 分量均满足标量的亥姆霍兹方程

$$\nabla^2 \psi + k_0^2 n^2 \psi = 0$$

式中，ψ 代表 E 或 H 的各个分量。

在光纤的分析中，求上述亥姆霍兹方程满足边界条件的解，即可得到光纤中的场的解答。求解的方法主要有两种：标量近似解和矢量解。

1. 标量近似解

在分析阶跃光纤和渐变光纤时，近似方法之一为标量近似解。这种方法可使分析大为简化，其结果也比较简单，便于应用。

分析阶跃光纤时，假设光纤里的横向（非光传输的方向）电磁场的幅度满足标量亥姆霍兹方程，求出近似解。这是一种近似，其前提是光纤的相对折射率差 Δ 很小。Δ 很小的光纤称作弱导波光纤，一般阶跃光纤可以满足这一条件。

分析渐变光纤时，假设纤芯的尺寸无穷大，边界不起作用，然后假设横向（非光传输的方向）电磁场的幅度满足标量亥姆霍兹方程，求出近似解。

采用这一解法可以得到光纤中各个模式的传输系数、模式的截止条件、单模传输条件、多模传输时的模式数量、模式功率分布等的简便计算公式。还可以利用这一方法来分析光纤的色散特性。采用标量近似解得到的光纤中的模式为标量模。

2. 矢量解

矢量解是求满足边界条件的矢量亥姆霍兹方程的解。矢量解中各个分量在直角坐标系中都满足标量的亥姆霍兹方程。

在分析阶跃光纤时，纤芯和包层的折射率都是均匀的，所以矢量解是严格的分析方法，它可以得到精确的模式及场分布，但是比较复杂。对于渐变光纤，需要做一些近似假设，分析仍然十分复杂，需进行数值计算。采用矢量解得到的光纤中的模式为矢量模式。

三、光纤的传输特性

光纤的传输特性主要包括光纤的损耗特性和色散特性，此外还有光纤的非线性效应。

（一）光纤的损耗特性

光波在光纤中传输时，随着传输距离的增加，光功率会不断下降。光纤对光波产生的衰减作用称为光纤的损耗。衡量光纤损耗特性的参数为衰减系数（损耗系数）α，定义为单位长度光纤引起的光功率衰减，其表达式为

$$\alpha(\lambda) = \frac{10}{L} \lg \frac{P_i}{P_o}$$

式中，$\alpha(\lambda)$ 为在波长 λ 处的衰减系数，单位为 dB/km；P_i 为输入光纤的光功率；P_o 为光纤输出的光功率；L 为光纤的长度。

光纤的损耗特性是光纤的一个很重要的传输参数，它对于评价光纤质量和确定光纤通信系统的中继距离起着决定性的作用。目前光纤在 1.55 μm 处的损耗可以做到 0.2 dB/km 左右，接近光纤损耗的理论极限值。

1. 引起光纤损耗的因素

光纤的损耗因素主要有吸收损耗、散射损耗和其他损耗。这些损耗又可以归纳为本征损耗、制造损耗和附加损耗等。

本征损耗是指光纤材料固有的一种损耗，是无法避免的，它决定了光纤的损耗极限。石英光纤的本征损耗包括光纤的本征吸收和瑞利散射造成的损耗。本征吸收是石英材料本身固有的吸收，包括红外吸收和紫外吸收。红外吸收是由于分子振动引起的，它在 1 500～1 700 nm 波长区对光纤通信有影

响；紫外吸收是由于电子跃迁引起的，它在 700～1 100 nm 波长区对光纤通信有影响。瑞利散射是由于光纤折射率在微观上的随机起伏所引起的，这种材料折射率的不均匀性使光波产生散射。瑞利散射在 600～1 600 nm 波段对光纤通信产生影响。

光纤制造损耗是在制造光纤的工艺过程中产生的，主要由光纤中不纯成分的吸收——杂质吸收和光纤的结构缺陷引起。杂质吸收中影响较大的是各种过渡金属离子和 OH^- 离子导致的光的损耗。其中 OH^- 离子的影响比较大，它的吸收峰分别位于 950 nm、1 240 nm 和 1 390 nm，对光纤通信系统影响较大。随着光纤制造工艺的日趋完善，过渡金属的影响已不显著，最好的工艺已可以使 OH^- 离子在 1 390 nm 处的损耗降低到 0.04 dB/km，甚至小到可忽略不计的程度。此外，光纤结构的不完善会带来散射损耗。

附加损耗是在光纤成缆之后出现的损耗，主要是光纤受到弯曲或微弯时，使得光产生了泄漏，造成光损耗。

除上述三类损耗外，在光纤的使用中还会存在连接损耗、耦合损耗，如果光纤中入射光功率超出某值时还会有非线性效应带来的散射损耗。

2. 光纤的损耗特性曲线——损耗谱

将以上三类损耗相加就可以得到总的损耗，它是一条随波长而变化的曲线，叫作光纤的损耗特性曲线——损耗谱。

光纤的损耗谱形象地描绘了衰减系数与波长的关系：衰减系数随波长的增大呈降低趋势；损耗的峰值主要与 OH^- 离子有关。

目前光纤的制造工艺可以消除光纤在 1 390 nm 附近的 OH^- 离子的吸收峰，使光纤在整个 1 300～1 600 nm 波段都有很低的损耗。

（二）光纤的色散特性

1. 光纤色散的概念

光纤色散是指由于光纤所传输的信号是由不同频率成分和不同模式成

分所携带的，不同频率成分和不同模式成分的传输速度不同，从而导致信号畸变的一种物理现象。在数字光纤通信系统中，色散使光脉冲发生展宽。

光纤的色散现象对光纤通信很不利。对于数字光纤通信系统，当色散严重时，会导致光脉冲前后相互重叠，造成码间干扰，增加误码率。所以光纤的色散不仅影响光纤的传输容量，也限制了光纤通信系统的中继距离。

2. 光纤色散的表示法

光纤的色散可以用不同的方法来表示，常用的有色散系数 $D(\lambda)$、最大时延差 Δt、光纤的带宽等。

光纤的色散系数 $D(\lambda)$ 定义为单位线宽光源在单位长度光纤上所引起的时延差，单位是 ps/km·nm，其公式为：

$$D(\lambda) = \frac{\Delta\tau(\lambda)}{\Delta\lambda}$$

式中，$\Delta\tau(\lambda)$ 为单位长度光纤上的时延差，单位是 ps/km；$\Delta\lambda$ 是光源的线宽，单位为 nm。

最大时延差 $\Delta\tau$ 描述光纤中速度最快和最慢的光波成分的时延之差。时延差越大，色散就越严重。

光纤带宽是用光纤的频域特性来描述光纤的色散，它是把光纤看作一个具有一定带宽的低通滤波器，光脉冲经过光纤传输后，光波的幅度随着调制的频率增加而减小，直到为零，而脉冲宽度则发生展宽。经理论推导，光纤的带宽和时延差的关系为：

$$B = \frac{441}{\Delta\tau}$$

式中，B 为光纤每千米带宽，单位是 MHz·km；$\Delta\tau$ 是光脉冲传输 1 km 的时延差，单位是 ns/km。

从上述的定义可以看出，色散系数 $D(\lambda)$、最大时延差 $\Delta\tau$、光纤的带宽都是从不同角度反映光纤的同一特性——色散。

3. 光纤色散的种类

根据色散产生的原因，光纤色散的种类主要可以分为模式色散、材料色散和波导色散三种。模式色散是由于信号不是单一模式携带所导致的，又称为模间色散；材料色散和波导色散是由于同一个模式内携带信号的光波频率成分不同所导致的，所以也叫作模内色散。

（1）模式色散

在多模光纤中存在许多传输模式，即使在同一波长，不同模式沿光纤轴向的传输速度也不同，到达接收端所用的时间不同，产生了模式色散。

（2）材料色散

由于光纤材料的折射率是波长 λ 的非线性函数，从而使光的传输速度随波长的变化而变化，由此而引起的色散叫材料色散。

材料色散主要是由光源的光谱宽度所引起的。由于光纤通信中使用的光源不是单色光，具有一定的光谱宽度，这样不同波长的光波传输速度不同，从而产生时延差，引起脉冲展宽。材料色散引起的脉冲展宽与光源的光谱线宽和材料色散系数成正比，所以在系统使用时尽可能选择光谱线宽窄的光源。石英光纤材料的零色散系数波长在 1 270 nm 附近。

（3）波导色散

同一模式的相位常数 β 随波长 λ 而变化，即群速度随波长而变化，从而引起色散，称为波导色散。

波导色散主要是由光源的光谱宽度和光纤的几何结构所引起的。一般波导色散比材料色散小。普通石英光纤在波长 1 310 nm 附近波导色散与材料色散可以相互抵消，使二者总的色散为零，因而普通石英光纤在这一波段是一个低色散区。

在多模光纤中以上三种色散均存在。对于多模阶跃折射率光纤，模式色散占主要地位，其次是材料色散，波导色散比较小，可以忽略不计。对于多模渐变折射率光纤，模式色散较小，波导色散同样可以忽略不计。

对于单模光纤，上述三种色散中只有材料色散和波导色散存在。

此外，在单模光纤中还存在偏振模色散。偏振模色散是由于实际的光纤总是存在一定的不完善性，使得沿着两个不同方向偏振的同一模式的相位常数 β 不同，从而导致这两个模式传输不同步，形成色散。

偏振模色散通常较小，在速率不高的光纤通信系统中可以忽略不计。对于工作在零色散（材料色散和波导色散之和为零）波长的单模光纤，偏振模色散将成为最后的极限。随着光纤通信系统传输速率的提高，偏振模色散对系统的影响加大，必须很好地控制它，以减少它对系统的限制。

（三）光纤的非线性效应

在高强度电磁场中，任何电介质对光的响应都会变成非线性，光纤也不例外。

在光纤通信系统中，高输出功率的激光器、掺铒光纤放大器和低损耗光纤的使用，使得光纤中的非线性效应愈来愈显著。这是因为光纤中的光场主要束缚于很细的纤芯中，使得场强非常高；低损耗又使得高场强可以维持很长的距离，保证了有效的非线性相互作用所需的相干传输距离。特别是在当今的大容量、长距离光纤通信系统中，光纤中传输的光功率大，使得这一问题尤为突出。

光纤中的非线性效应对于光纤通信系统有正反两方面的作用：一方面可引起传输信号的附加损耗、波分复用系统中信道之间的串话、信号载波的移动等；另一方面又可以被利用来开发如放大器、调制器等器件。

光纤的非线性可以分为两类：受激散射效应和折射率扰动。

1. 受激散射效应

受激散射效应是光通过光纤介质时，有一部分能量偏离预定的传播方向，且光波的频率发生改变，这种现象称为受激散射效应。受激散射效应有两种形式：受激布里渊散射和受激拉曼散射。这两种散射都可以理解为一个高能量的光子被散射成一个低能量的光子，同时产生一个能量为两个光子能量差的另一个能量子。两种散射的主要区别在于：受激拉曼散射的剩余能量转变为光频声子，而受激布里渊散射的剩余能量转变为声频声子；光纤中的受激布里渊散射只发生在后向，受激拉曼散射主要是前向。受激布里渊散射和受激拉曼散射都使得入射光能量降低，在光纤中形成一种损耗机制。在较低光功率下，这些散射可以忽略。当入射光功率超过一定阈值后，受激散射效应随入射光功率成指数增加。

2. 折射率扰动

在入射光功率较低的情况下，可以认为石英光纤的折射率与光功率无关。但是在较高光功率下，则应考虑光强度引起的光纤折射率的变化，它们的关系为

$$n = n_0 + n_2 P / A_{\text{eff}}$$

式中，n_0 为线性折射率，n_2 为非线性折射率系数，P 为入射光功率，A_{eff} 为光纤有效面积。

折射率扰动主要引起四种非线性效应：自相位调制、交叉相位调制、四波混频、光孤子形成。

（1）自相位调制是指光在光纤内传输时光信号强度随时间的变化对自身相位的作用。它导致光谱展宽，从而影响系统的性能。

（2）交叉相位调制是任一波长信号的相位受其他波长信号强度起伏的调制产生的。交叉相位调制不仅与光波自身强度有关，而且与其他同时传输的光波的强度有关，所以交叉相位调制总伴有自相位调制。交叉相位调制会使信号脉冲谱展宽。

（3）四波混频是指由两个或三个不同波长的光波混合后产生新的光波的现象。其产生原因是某一波长的入射光会改变光纤的折射率，从而在不同频率处发生相位调制，产生新的波长。四波混频对于密集波分复用光纤通信系统影响较大，成为限制其性能的重要因素。

（4）非线性折射率和色散间的相互作用，可以使光脉冲得以压缩变窄。当光纤中的非线性效应和色散相互平衡时，可以形成光孤子。光孤子脉冲可以在长距离传输过程中，保持形状和脉宽不变。

四、单模光纤

单模光纤是指在给定的工作波长上只传输单一基模的光纤。由于单模光纤只传输基模，不存在模式色散，因此它具有相当宽的传输带宽，适用于长距离、大容量的光纤通信系统。

（一）单模光纤的结构特点

为了保证单模传输，光纤的芯径较小，一般其芯径为 4～10 μm。

单模光纤纤芯的折射率分布一般要求为均匀分布设计，但是由于光纤制造过程中的某些不完善，纤芯折射率分布实际上是非均匀的。此外，为了制造的合理及改善光纤性能，单模光纤的包层折射率常是变化的。例如，为了降低光纤的损耗和色散，常在纤芯外加一层高纯度、低损耗的内包层。内包层之外是外包层，构成所谓的双包层结构。

（二）单模光纤的特性参数

单模光纤的主要特性参数有折射率分布、衰减系数、色散、截止波长、模场直径等。折射率分布、衰减系数、色散特性前面已经叙述，这里简单介绍截止波长、模场直径两个参数。

1. 截止波长

单模光纤的截止波长是指光纤的第一个高阶模截止时的波长。只有当工作波长大于单模光纤的截止波长时，才能保证光纤工作在单模状态。

2. 模场直径

单模光纤的模场直径是单模光纤所特有的一个重要参数。单模光纤中的场并不完全集中在纤芯中，而是有相当部分的能量在包层中传输，所以不能用纤芯的几何尺寸作为单模光纤的特性参数，而是用模场直径作为描述单模光纤中光能集中程度的度量。

模场是光纤中基模的电场在空间的强度分布。模场直径则是描述光纤中光功率沿光纤半径的分布状态，即光纤中光能的集中程度。

（三）单模光纤的偏振

所谓单模光纤，实际上传输两个相互正交的基模。在完善的光纤中，这两个模式有相同的相位常数，是互相简并的。但实际光纤总带有某种程度的不完善，如纤芯的椭圆变形、光纤内部的残余应力等，这些因素使得两正交基模的相位常数不相等。这种现象叫作光纤的双折射。由于双折射，两模式的群速度不同，从而引起偏振色散。由于双折射的存在，将引起光波的偏振态沿光纤长度发生变化。

（四）单模光纤的分类

按照国际电信联盟电信标准化部门 ITU-T 的建议 G.652、G.653、G.654、G.655、G.656、G.657，单模光纤可以分为 6 种：非色散位移单模光纤、色散位移单模光纤、截止波长位移单模光纤、非零色散位移单模光纤、宽带光传输使用的非零色散单模光纤、用于接入网的低弯曲损耗不敏感单模光纤。

G.652 光纤即非色散位移单模光纤，是常规单模光纤。常规单模光纤是最早使用的单模光纤，也是目前使用最广泛的光纤。其性能特点是：在 1 310 nm 波长处的色散为零；在 1 550 nm 波长区具有最小衰减系数，但具有最大色散系数。G.652 光纤又被细分为 A、B、C、D 四个子类。其中 G.652A 光纤适用于 1 530～1 565 nm 波段，能支持 10 Gbit/s 系统传输距离达 400 km，10 Gbit/s 以太网的传输达 40 km，支持 40 Gbit/s 系统的传输距离达 2 km。G.652B 光纤适用于 1 530～1 625 nm 波段，可支持速率 10 Gbit/s 系统传输距离达 3 000 km 以上和 40 Gbit/s 系统传输距离达 80 km。G.652C 光纤，即波长段扩展的非色散位移单模光纤，又称低水峰光纤或城域网专用光纤，它消除了 1 385 nm 附近 OH⁻离子吸收的损耗峰（俗称水峰），使损耗谱平坦，在 1 550 nm 的衰减更低，其总体性能与 G.652A 类似，它适用于 1 360～1 530 nm 波段，光纤增加了可用波长范围，使波分复用信道数大为增加，是城域网应用的较佳选择。G.652D 集合了 G.652B 和 G.652C 的优点，即与 G.652B 有相似的属性和应用范围，但衰减性能与 G.652C 相同，并允许使用在 1 360～1 530 nm 波段，具有在未来城域网应用的广阔前景。

G.653 光纤即色散位移单模光纤，是通过改变光纤的结构参数、折射率分布形状来加大波导色散，将零色散点从 1 310 nm 位移到 1 550 nm，实现 1 550 nm 波长区最低损耗和零色散波长一致。这种光纤适合于长距离高速率的单信道光纤通信系统。

G.654 光纤即截止波长位移单模光纤，其零色散波长在 1 310 nm 附近，其截止波长移到了较长波长。光纤在 1 550 nm 波长区域损耗极小，最佳工作范围为 1 500～1 600 nm。光纤抗弯曲性能好，主要用于无中继的海底光纤通信系统。

G.655 光纤即非零色散位移单模光纤，是为适应波分复用（WDM）传输系统设计和制造的光纤。这种光纤是在色散位移单模光纤的基础上通过改变折射率分布的方法使得光纤在 1 550 nm 波长色散不为零，且在 1 530～1 565 nm 波段区具有小的色散（1～6 ps/nm·km），以抑制四波混频等非线性效应，适用于具有光放大、高速率（10 Gbit/s 以上）、大容量、密集波分复用（DWDM）传输系统的应用。G.655 光纤又被细分为 A、B、C 三个子类。其中 G.655A 光纤工作在 1 530～1 565 nm 波段，支持速率 10 Gbit/s 为基础、信道间隔不小于 200 GHz 的 DWDM 系统和 10 Gbit/s 单信道 TDM 系统。G.655B 光纤适用于 1 530～1 625 nm 波段，支持速率 10 Gbit/s 为基础、信道间隔大于等于 200 GHz 的 DWDM 系统，传输距离可达 400 km。G.655C 光纤与 G.655B 光纤属性相类似，但它的偏振模色散比 G.655B 要低，支持信道间隔 100 GHz 及以下的 $N×10$ Gbit/s 系统传输 3 000 km 以上或 $N×40$ Gbit/s

系统传输 80 km 以上。

宽带光传输使用的非零色散单模光纤，也称为 G.656 光纤，在 1 460～1 625 nm 波段比现有 G.655 光纤具有更大的正色散值，且色散的斜率更低。这种更大的色散值可更有效地抑制 DWDM 系统中的四波混频、交叉相位调制等非线性效应。由于这种光纤超出了现有 G.655 光纤标准规定的波长范围，而且该光纤在 S、C、L 三个波段具有较大的正色散值，所以可以在 S、C、L 三个波段实现波分复用，满足系统发展应用的要求。G.656 光纤既适用于长途骨干网，又适用于城域网，可见这种光纤在未来的光传送网中具有广阔的前景。

用于接入网的低弯曲损耗不敏感单模光纤，也称为 G.657 光纤，具有卓越的抗弯曲性能，使光缆的安装更为便捷，光纤可以像铜缆一样，沿着建筑物内很小的拐角安装。

还有一种很有应用前景的单模光纤——色散补偿单模光纤，它是一种在 1 550 nm 波长区有很大负色散的单模光纤。当它与 G.652 光纤连接使用时，可以抵消几十千米光纤的正色散，可以实现长距离、大容量的传输。

第三节　有源和无源光器件及子系统

光纤通信系统由光纤和相关的光器件构成。光器件可以分为有源器件和无源器件两大类。有源器件如半导体光源、光检测器等，其基本特点是在实现器件功能的过程中发生了光电能量的转换。无源器件的特点是在实现器件的功能过程中，即使有光电信号的介入，也不会发生光电能量的转换。

一、光发射机

光发射机的主要作用是将电端机送来的电信号变换为光信号，并耦合进光纤中进行传输。光发射机中的光源和光调制器是整个系统的核心器件，它们的性能直接关系到光纤通信系统的性能和质量指标。光纤通信系统对于光源的要求可以概括为：① 光源的发射波长应该与光纤的低损耗窗口一致，即850 nm、1 310 nm 和 1 550 nm 三个低损耗窗口；② 光源有足够高的、稳定的输出光功率，以满足系统中继距离的要求，一般数十微瓦至几毫瓦为宜；③ 光源的光谱线宽要窄，即单色性好，以减小光纤色散对信号传输质量的影响；④ 调制方法简单，可以实现高速直接调制；⑤ 电光转换效率要高；⑥ 能够室温连续工作；⑦ 体积小、重量轻、寿命长，工作稳定可靠。

目前，满足上述要求的光源器件是半导体激光器（LD）和半导体发光二极管（LED），它们在不同的光纤通信系统中用作光发射机的光源。

在某些情况下，光源的直接调制不能满足使用的需求，必须采用外调制的方法，两种常用的光调制器是电吸收调制器和 $LiNbO_3$ Mach-Zehnder（M-Z）调制器。

（一）半导体激光器

半导体光源的核心是 PN 结，它由高掺杂浓度的 P 型半导体材料和 N 型半导体材料组成。当把电流信号加载到它的两个电极上时，器件会输出光信号，这样激光器就可以实现将电信号转换成相应的光信号。半导体激光器工作的物理机制是受激辐射，它的主要特性如下。

1. 发射波长

构成半导体激光器的材料决定了激光器的发射波长。光纤通信系统中有850 nm 波段的短波长、1 310 nm 波段和 1 550 nm 波段三个不同波段的半导体激光器。

2. $P\text{-}I$ 特性

半导体激光器的 $P\text{-}I$ 特性是指它的输出功率 P 随注入电流 I 的变化关系。参照一半导体激光器的典型 $P\text{-}I$ 特性曲线。随着激光器注入电流的增加，其输出光功率增加，但不是呈线性关系。当注入电流低于阈值时，输出功率很小，此时输出光为荧光；当注入电流大于阈值电流后，输出光功率随注入电流的增加而急剧增加，此时输出的光是激光。

3. 温度特性

半导体激光器是对温度敏感的器件，它的输出光功率随温度而变化。随着温度的升高，器件的阈值电流增大，输出光功率降低，而且输出光的峰值波长会向长波长方向漂移。因此实用化的半导体激光器必须对温度加以控制。

4. 模式特性

光纤通信系统要求半导体激光器工作于基横模和单纵模，以提高与光纤的耦合效率。为减小光纤带来的色散，要求激光器单纵模工作，特别是在高速调制下的单纵模运转。

5. 光谱特性

半导体激光器的光谱特性主要是由激光器的纵模决定。

激光器的光谱会随着注入电流而发生变化。当注入电流低于阈值电流时，半导体激光器发出的是荧光，光谱很宽；当电流增大到阈值电流时，光谱突然变窄，光谱中心强度急剧增加，出现了激光。对于单纵模半导体激光器，由于只有一个纵模，其谱线更窄。

6. 激光器的调制特性

半导体激光器具有较窄光谱宽度，使得它可以在高速调制下工作，如大于 40 Gbit/s 的速率。半导体激光器能实现的直接调制带宽可以达到 25 GHz。

（二）光纤通信系统中常用的半导体激光器类型

1. 法布里-珀罗腔（FP）半导体激光器

法布里-珀罗腔半导体激光器是最常见、最普通的半导体激光器，它最大的特点是激光器的谐振腔由半导体材料的两个解理面构成。器件的输出光由多个纵模构成，这类半导体激光器也称作多纵模半导体激光器。由于光纤色散的存在，不同的纵模在光纤中的传输速度不同，限制了系统的传输速率，对于 1 550 nm 工作波长，系统的比特率距离积小于 10 Gbit/s·km。

2. 分布反馈（DFB）半导体激光器

DFB 激光器是在有源区或邻近波导层上刻蚀所需的周期波纹光栅而构成的。DFB 激光器的激光振荡由光栅形成的光耦合来提供，其基本原理是布拉格反射原理。DFB 激光器具有动态单纵模特性好、光谱线宽窄、波长稳定性好、线性度好等优势，是高速光纤通信系统的理想光源，器件可以实现 1 550 nm 波段的 2.5 Gbit/s 及以上速率的直调。

3. 多段 DFB 半导体激光器

多段 DFB 半导体激光器同样具有 DFB 半导体激光器的窄线宽、可以实现高速调制的优点，同时又可以实现大范围的光波长调谐。这类器件可以应用于波分复用（WDM）中，以减少系统使用的激光器的数目，典型的器件可以实现 35～40 nm 的连续可调谐。

4. 垂直腔面发射（VCSEL）半导体激光器

垂直腔面发射半导体激光器是垂直表面出光的激光器。它的谐振腔由位于有源区上下两侧的反射镜构成。它可以实现更高功率输出，适合应用在并行光传输以及并行光互连等领域；它成本较低，在宽带以太网、高速数据通信网中得到了大量的应用。

（三）发光二极管

发光二极管（LED）是非相干光源，它的基本工作原理是自发辐射。发光二极管与半导体激光器在材料、异质结构上没有很大差别。二者在结构上的主要差别是：发光二极管没有光学谐振腔，不能形成激光。发光二极管的发光仅限于自发辐射，发出的是荧光，是非相干光。根据发光二极管的发光面与 PN 结的结平面平行或垂直而分为面发光二极管和边发光二极管。

由于发光二极管与半导体激光器在发光机理和结构上存在差异，使得它们在主要性能上存在明显差异。发光二极管的主要特性如下。

1. P-I 特性

发光二极管不存在阈值，输出光功率与注入电流之间呈线性关系，且线性范围较大。当注入电流较大时，由于 PN 结的发热，发光效率降低，出现饱和现象。从图中可以看出，在相同注入电流下，面发光二极管的发射功率比边发光二极管大。

2. 光谱特性

由于发光二极管输出的是自发辐射光，并且没有光学谐振腔，所以输出光谱要比半导体激光器宽得多，一般有 50～70 nm。

3. 温度特性

与半导体激光器相比，发光二极管的温度特性较好。由于发光二极管的输出光功率随温度变化不大，在实际使用中可以不加温度控制。

4. 远场特性

远场特性是距离器件输出端面一定距离的光束在空间上的分布。发光二极管输出光的发散角较半导体激光器大，因此它与光纤耦合的效率很低，使得出纤光功率很低。

5. 调制特性

发光二极管的调制带宽在几十至几百兆赫兹的范围。与半导体激光器相比，发光二极管的突出优点是寿命长、可靠性高、调制电路简单、成本低，所以它在一些传输速率不太高、传输距离不太长的系统中得到了广泛的应用。

（四）光调制器

光源的调制分为直接调制（也称作内调制）和间接调制（也称作外调制）两种。直接调制就是将调制信号直接加载到光源的驱动电流上，从而使输出光随电信号变化而实现的。由于它是在光源内部进行的，因此又称为内调制。高速发射机常用间接调制的方法，即在激光形成以后加载调制信号。其具体方法是在激光器谐振腔外的光路上放置调制器，在调制器上加调制信号，使调制器的某些物理特性发生相应的变化，当激光通过它时，得到调制。

目前光通信中实用的调制器主要有两种：一种是 M-Z 波导调制器；另一种是电吸收（Electro-Absorption，EA）调制器。

M-Z 调制器用电光材料制作，如用 $LiNbO_3$ 材料制作的 M-Z 调制器就是一种常用的电光调制器。输入光信号在第一个 3 dB 耦合器处被分成相等的两束，分别进入两波导传输。波导是用电光材料制成的，其折射率随外部施加的电压大小而变化，从而导致两路光信号到达第二个耦合器时相位延迟不同。若两束光的光程差是波长的整数倍，两束光相干加强；若两束光的光程差是波长的 1/2，两束光相干抵消，调制器输出很小。因此，只要控制外加电压，就能对光束进行调制。

EA 调制器是一种损耗调制器，EA 调制器的基本原理是：改变调制器上的偏压，使器件的吸收边界波长发生变化，进而改变光束的通断，实现调制。当调制器无偏压时，光束处于通状态，输出功率最大；随着调制器上的偏压增加，调制器的吸收边移向长波长，原光束波长处吸收系数变大，调制器成为断状态，输出功率最小。

EA 调制器容易与半导体激光器集成在一起，形成体积小、结构紧凑的单片集成器件，而且需要的驱动电压也较低。但它的频率啁啾比 M-Z 调制器要大，不适合传输距离特别长的高速率海缆系统。

（五）光发射机

在光纤通信系统中，要将电端机送来的电信号转变为光信号，即进行 E/O 变换，并送入光纤线路进行传输。

1. 光发射机的组成

光源的调制分为直接调制（也称作内调制）和间接调制（也称作外调制）两种，因此，光发射机可以分为直接调制和外调制方案两类。

在直接调制光发射机中，信号经过复用和编码后，通过调制电路将电信号转变为调制电流，以实现对光源的强度调制。

半导体激光器是对温度敏感的器件，它的输出光功率和输出光谱的中心波长随着温度发生变化。因此为了稳定输出功率和波长，光发送机往往加有控制电路。控制电路包括自动功率控制电路和自动温度控制电路。

2. 光发射机的主要指标

光发送机的主要指标有平均发送光功率、消光比及光谱特性。

（1）平均发送光功率

光发送机的平均发送光功率是在正常条件下，光发送机发送光源尾纤输出的平均光功率。平均发送光功率指标应根据整个系统的经济性、稳定性、可维护性以及光纤线路的长短等因素全面考虑，并不是越大越好。

（2）消光比

消光比为全"1"码时的平均发送光功率与全"0"码时的平均发送光功率之比。可用下式表示：

$$EXT = 10\lg \frac{\text{全"1"码时的平均发送光功率}P_{11}}{\text{全"0"码时的平均发送光功率}P_{00}}$$

消光比直接影响光接收机的灵敏度，从提高接收机灵敏度的角度考虑，希望消光比尽可能大，消光比一般应大于 10 dB。

（3）光谱特性

对于高速光纤通信系统，光源的光谱特性是制约系统性能的至关重要的参数指标，它影响着系统的色散性能，需要仔细考虑。

二、光接收机

光接收机的主要作用是将经过光纤传输的微弱光信号转换成电信号，并放大、再生成原发射的信号。光检测器是光接收机中的关键器件，它通过光电效应将光信号转换成电信号。由于从光纤中传输过来的光信号一般是非常微弱且产生了畸变的信号，因此光纤通信系统对光检测器提出了非常高的要求：① 在系统的工作波长上要有足够高的响应度，即对一定的入射光功率，光检测器能输出尽可能大的光电流；② 有足够高的响应速度和足够的工作带宽，即对高速光脉冲信号有足够快的响应能力；③ 产生的附加噪声小；④ 光电转换线性好，保真度高；⑤ 工作稳定可靠，工作寿命长；⑥ 体积小，使用简便。

目前，满足上述要求、适合于光纤通信系统使用的光检测器主要有半导体（PIN）光电二极管、雪崩（APD）光电二极管、金属-半导体-金属（MSM）光探测器等，其中前两种在光纤通信系统中得到了广泛的应用。

（一）PIN 光电二极管

半导体光检测器的核心是 PN 结的光电效应，工作在反向偏压下的 PN 结光电二极管是最简单的半导体光检测器。受激吸收是半导体光检测器的基本工作原理。为了得到高量子效率、提高响应速度，光检测器一般采用 PIN 结构。它是在高掺杂 P 型和 N 型半导体材料之间生长一层本征半导体材料或低掺杂半导体材料，称为 I 层，高掺杂的 P 区和 N 区非常薄。这种结构使得光子在本征区内能够被充分吸收，并产生光生载流子，在反向偏压作用下，最终转换成光生电流。它的主要特性如下。

1. 波长响应范围

PIN 光电二极管可以对一定波长范围内的入射光进行光电转换，这一波长范围就是 PIN 光电二极管的波长响应范围。

2. 响应度和量子效率

响应度和量子效率表征了光电二极管的光电转换效率。响应度定义为：

$$R = \frac{I_p}{P}$$

式中，P 为入射到光电二极管上的光功率，单位为 A/W；I_p 为光生电流。量子效率的定义为：

$$\eta = \frac{光电转换产生的有效电子-空穴对数}{入射的光子数}$$

3. 响应速度

作为光检测器，在光纤通信系统中要能够检测高频调制的光信号，因此响应速度是光电二极管的一个重要参数。响应速度通常用响应时间来表示。响应时间为光电二极管对矩形光脉冲的响应——电脉冲的上升时间或下降时间。

4. 线性饱和

光电二极管的线性饱和是指它有一定的光功率检测范围，当入射功率太强时，光电流和光功率将不成正比，从而产生非线性失真。一般 PIN 光电二极管在入射光功率低于毫瓦量级时，能够保持比较好的线性。

5. 击穿电压和暗电流

无光照射时，PIN 作为一种 PN 结器件，在负偏压下也有反向电流流过，称此电流为 PIN 光电二极管的暗电流。暗电流是光电二极管的重要参数。暗电流主要是由半导体内热效应产生的电子-空穴对形成的。当偏压增大时，暗电流增大。当偏压增大到一定值时，暗电流激增，即发生了反向击穿（即为非破坏性的雪崩击穿，如不能尽快散热，就会变为破坏性的齐纳击穿）。发生反向击穿时的偏压值称为反向击穿电压。

6. 噪声特性

光电二极管的噪声主要是量子噪声、暗电流噪声、漏电流噪声。

（二）APD 光电二极管

APD 光电二极管是具有内部增益的光检测器，它可以用来检测微弱光信号并获得较大的输出光电流。雪崩光电二极管能够获得内部增益是基于碰撞电离效应。当 PN 结上加高的反偏压时，本征吸收层的电场很强，光生载流子经过时就会被电场加速，当电场强度足够高时，光生载流子获得很大的动能，它们在高速运动中与半导体晶格碰撞，使晶体中的原子电离，从而激发出新的载流子，这个过程称为碰撞电离。碰撞电离产生的载流子对在强电场作用下同样又被加速，重复前一过程，这样多次碰撞电离的结果使载流子迅速增加，电流也迅速增大，形成雪崩倍增效应。APD 就是利用雪崩倍增效应使光电流得到倍增的高灵敏度的光检测器。

与 PIN 光电二极管相比，APD 光电二极管的主要特性包括波长响应范围、响应度、量子效率、响应速度等，除此之外，APD 的特性还包括雪崩倍增特性、噪声特性、温度特性等。

1. APD 的雪崩倍增因子

APD 的雪崩倍增因子定义为：

$$M = \frac{I_P}{I_{PO}}$$

式中，I_P 是 APD 的输出平均电流，I_{PO} 是平均初级光生电流。从定义可见，倍增因子是 APD 的电流增益系数。由于雪崩倍增过程是一个随机过程，因而倍增因子是在一个平均值上随机起伏的量，所以上式的定义应理解为统计平均倍增因子。

2. APD 的过剩噪声

APD 的噪声包括量子噪声、暗电流噪声、漏电流噪声和过剩噪声。过剩噪声是 APD 中的主要噪声。

过剩噪声的产生主要与两个过程有关,即光子被吸收产生初级电子-空穴对的随机性和在雪崩区产生二次电子-空穴对的随机性。这两个过程尚不能准确测定,因此产生了过剩噪声。

3. 响应度和量子效率

由于 APD 具有电流增益,所以 APD 的响应度比 PIN 光电二极管的响应度大大提高,有:

$$R = M\left(\frac{I_{PO}}{P}\right)$$

量子效率只与初级光生载流子数目有关,不涉及倍增问题,故量子效率值总是小于 1。

4. 线性饱和

APD 的线性工作范围没有 PIN 光电二极管宽,它适宜于检测微弱光信号。当光功率达到几微瓦以上时,输出电流和入射光功率之间的线性关系变坏,能够达到的最大倍增增益也降低了,产生了饱和现象。

5. 击穿电压和暗电流

APD 的暗电流有初级暗电流和倍增暗电流之分,它随着倍增因子的增加而增加;此外还有漏电流,漏电流不经过倍增。

APD 偏置电压接近击穿电压。击穿电压并非 APD 的破坏电压,撤去该电压,APD 仍能正常工作。

6. APD 的响应速度

APD 的响应速度主要取决于载流子完成倍增过程所需要的时间、载流子在耗尽层的渡越时间以及结电容和负载电阻的 RC 时间常数等因素。渡越时间的影响相对比较大，其余因素可通过改进器件的结构设计使影响减至很小。

一般来说，APD 的平均倍增和带宽的乘积为一常数，可见增益和带宽存在矛盾。因为要求的倍增越大，载流子产生和渡越的时间就越长，器件的带宽就越窄。

（三）光接收机

光接收机的主要作用是将经过光纤传输的微弱光信号转换成电信号，并放大、再生成原发射的信号。

1. 光接收机的组成

对于强度调制的数字光信号，在接收端采用直接检测（DD）方式时，光接收机由光电变换、前置放大、均衡滤波、判决、译码、自动增益控制（AGC）、时钟恢复及输出接口等部分构成。

光电变换的功能是把光信号变换为电流信号，它主要采用 PIN 光电二极管或 APD 光电二极管。

前置放大部分是低噪声、宽频带放大器，它的噪声性能直接影响到接收机灵敏度的高低。

主放大器是一个增益可调的放大器，它把来自前置放大器的输出信号放大到判决电路所需的信号电平。其增益应受 AGC 信号控制，使入射功率在一定范围变化时，输出信号幅度保持恒定。

均衡滤波部分的作用是将输出波形均衡成具有升余弦频谱，以消除码间干扰。

判决器和时钟恢复电路对信号进行再生。在发送端进行了线路编码，在接收端则需有相应的译码电路。

输出接口主要解决光接收端机和电接收端机之间阻抗和电压的匹配问

题，保证光接收端机输出信号顺利地送入电接收端机。

（1）前置放大器

光接收机的噪声主要取决于前端的噪声性能。因此，对于前置放大器就要求有较低的噪声和较宽的带宽，才能获得较高的信噪比。前置放大器一般可分为三种：低阻抗前置放大器、高阻抗前置放大器和跨阻抗前置放大器。

低阻抗前置放大器是指放大器的输入阻抗相对较低。其特点是电路简单，接收机不需要或只需很少的均衡就能获得很宽的带宽，前置级的动态范围也较大。但由于放大器的输入阻抗较低，电路的噪声较大。

高阻抗前置放大器是指放大器的输入阻抗很高。其特点是电路的噪声很小。但是，放大器的带宽较窄，在高速系统应用时对均衡电路提出了很高的要求，限制了放大器在高速系统的应用。

为了克服高阻抗和低阻抗前置放大器的缺点，使前置放大器既有较低的噪声，又有较宽的带宽，在光接收机中广泛采用跨阻抗前置放大器。它是在高阻抗前置放大器中引入负反馈后构成的。由于负反馈的作用，放大器不仅具有频带宽、噪声低的优点，而且它的动态范围也比高阻抗前置放大器有很大改善。

在光纤通信系统中，各部分电路的集成化、模块化是发展的趋势。对于接收机的前端，采用光电混合技术将光检测器和以场效应管（FET）构成的前置放大器混合集成在一起，做成 PIN-FET 或 APD-FET 光接收组件，提高了响应速度和灵敏度，在系统中得到了广泛的应用。

（2）主放大器和自动增益控制电路

光接收机中前置放大器的输出信号较弱，不能满足幅度判决的要求，因此还必须加以放大。主放大器一般是多级放大器，可以提供足够的增益，使输出信号满足判决的要求。主放大器的另一功能是增益受控可调，即能实现自动增益控制（AGC），使接收机具有一定的动态范围。

当输入光接收机的光功率起伏时，光检测器的输出信号也出现起伏，通过 AGC 对主放大器的增益进行调整，从而使主放大器的输出信号幅度在一定范围内不受输入信号的影响。

（3）均衡和再生电路

均衡电路的作用是对经过光纤线路传输、已发生畸变和有严重码间干扰的信号进行均衡，使其变为码间干扰尽可能小的信号，以利于判决再生电路的工作。

对于一个实际的传输系统，其频带总是受限的。对于频带受限系统，其时域响应是无限的，它的输出波形有很长的拖尾，使前后码元在波形上相互重叠而产生码间干扰，直接影响接收机的灵敏度。均衡滤波电路就是设法消除拖尾的影响，做到判决时刻无码间干扰。

均衡的方法可以在频域采用均衡网络，也可以在时域实现。频域方法是采用适当的网络，将输出波形均衡成具有升余弦频谱，这是光接收机中最常用的均衡方法。时域均衡的方法是先预测出一个"1"码过后，在其他各个码元的判决时刻这个"1"码的拖尾值，然后设法用与拖尾大小相等、极性相反的电压来抵消拖尾，以消除码间干扰。

再生电路的任务是把放大器输出的升余弦波形恢复成数字信号，它由判决电路和时钟恢复电路组成。为了判定信号，首先要确定判决的时刻，这需要从均衡后的升余弦波形中提取准确的时钟。时钟信号经过适当的相移后，在最佳时刻对升余弦波形进行取样，然后将取样幅度与判决阈值进行比较，以判定码元是"0"还是"1"，从而把升余弦波形恢复成原传输的数字波形。理想的判决电路应该是带有选通输入的比较器。

2. 光接收机的主要指标

光接收机的主要指标有光接收机的灵敏度和动态范围。

（1）光接收机的灵敏度

光接收机的灵敏度 P_R（单位：dBm）是指在系统满足给定误码率指标的条件下，接收机所需的最小平均接收光功率 P_r（mW）。可以表示为：

$$P_R = 10\lg\frac{P_r}{1}$$

影响接收机灵敏度的主要因素是噪声，它包括光检测器的噪声、放大器的噪声等。灵敏度是系统性能的综合反映。

（2）光接收机的动态范围

光接收机的动态范围 D（单位：dB）是指在保证系统误码率指标的条件下，接收机的最大允许平均接收光功率 P_{max} 与最小平均接收光功率 P_r 之差。可以表示为：

$$D = 10\lg\frac{P_{max}}{P_r}$$

之所以要求光接收机有一个动态范围，是因为光接收机的输入光信号不是固定不变的，为了保证系统正常工作，光接收机必须具备适应输入信号在一定范围内变化的能力。好的光接收机应有较宽的动态范围。

三、光放大器

光纤通信在进行长距离传输时，由于光纤中存在损耗和色散，使得光信号能量降低、光脉冲发生展宽。因此每隔一定距离就需设置一个中继器，以便对信号进行放大和再生，然后送入光纤继续传输。传统采用的方案是光—电—光的中继器，其工作原理是先将接收到的微弱光信号经光电检测器转换成电流信号，然后对此电信号进行放大、均衡、判决等使信号再生，最后再通过半导体激光器完成电光转换，重新发送到下一段光纤中去。在光纤通信系统传输速率不断提高的现代通信中，这种光—电—光的中继变换处理方式的成本迅速增加，已经不能满足现代通信传输的要求。

长时间以来，人们一直在寻找用光放大的方法来替代传统的中继方式，并延长中继距离。光放大器能直接放大光信号，无须转换成电信号，对信号的格式和速率具有高度的透明性，使得整个光纤通信传输系统更加简单和灵活。它的出现和实用化在光纤通信中引起一场革命。

目前成功研制出的光放大器有半导体光放大器、光纤放大器两大类。每一类又有不同的应用结构和形式。

（一）半导体光放大器

半导体光放大器是一个具有或不具有端面反射的半导体激光器，其结构和工作原理与半导体激光器非常相似。当给器件加偏置电流时，通过受激辐射的工作机制使输入的微弱光信号获得增益。当然在工作机制中也存在自发辐射，自发辐射产生随机起伏的放大器噪声，称为被放大的自发辐射（ASE）噪声。

半导体光放大器的特点是：尺寸很小；增益较高，一般在 15～30 dB；频带宽，一般为 50～70 nm。存在的主要问题是：与光纤的耦合损耗大，为 5～8 dB；由于增益与偏振态、温度等因素有关，

稳定性差；在高速光信号的放大上，仍存在问题；输出功率小，噪声系数较大。

（二）光纤放大器

光纤放大器分为稀土掺杂光纤放大器和利用非线性效应制作的常规光纤放大器。

稀土掺杂光纤放大器是利用光纤中稀土掺杂物质引起的增益机制实现光放大的。掺杂的稀土元素有铒（Er）、镨（Pr）、铒镱（Er:Yb）共掺杂等。其中掺铒光纤放大器（EDFA）的工作波长为 1 550 nm 波段，掺镨光纤放大器（PDFA）的工作波长为 1 300 nm 波段。

EDFA 的工作波长为 1 550 nm，与光纤的低损耗窗口一致，是最具吸引力和最为成熟的光纤放大器。EDFA 包括光路结构和辅助电路部分。光路部分由掺铒光纤、泵浦光源、光耦合器、光隔离器和光滤波器组成。辅助电路主要有电源、自动控制部分和保护电路。

掺铒光纤是 EDFA 的核心，它以石英光纤为基础材料，在光纤芯子中掺入一定比例的稀土元素——铒离子（Er^{3+}）。这样形成了一种特殊的光纤，这种光纤在一定的泵浦光激励下，处于低能级的 Er^{3+} 可以吸收泵浦光的能量，

向高能级跃迁。由于 Er^{3+} 在高能级上的寿命很短，很快以无辐射的形式跃迁到亚稳态（$^4I_{13/2}$ 能级），在该能级上，Er^{3+} 有较长的寿命，从而在亚稳态和基态之间形成粒子数反转分布。当 1 550 nm 波段的光信号通过这段掺铒光纤时，亚稳态的 Er^{3+} 以受激辐射的形式跃迁到基态，并产生和入射光信号中的光子一模一样的光子，大大增加了信号光中的光子数量，实现了信号光在掺铒光纤中的放大。

EDFA 中的泵浦光源为信号光的放大提供足够的能量，它使处于低能级的 Er^{3+} 被提升到高能级上，使掺铒光纤达到粒子数反转分布。一般采用的泵浦光源是半导体激光二极管，其泵浦波长有 800 nm、980 nm 和 1 480 nm 三种。其中应用最多的是 980 nm 的泵浦光源，因为 980 nm 的泵源具有噪声低、泵浦效率高、驱动电流小、增益平坦性好等优点。

EDFA 的泵浦形式有三种：同向泵浦、反向泵浦和双向泵浦。同向泵浦是信号光与泵浦光以同一方向进入掺铒光纤的方式；反向泵浦是信号光与泵浦光从两个不同的方向进入掺铒光纤的方式；双向泵浦则是同向泵浦和反向泵浦同时进行的方式。

EDFA 中的光耦合器的作用是将信号光和泵浦光合在一起，送入掺铒光纤中。光隔离器的作用是抑制反射光，以确保光放大器工作稳定。光滤波器的作用是滤除光放大器中的噪声，提高 EDFA 的信噪比。

辅助电路部分中的自动控制部分一般采用微处理器对 EDFA 的泵浦光源的工作状态进行监测和控制、对 EDFA 输入和输出光信号的强度进行监测，根据监测结果适当调节泵浦光源的工作参数，使 EDFA 工作在最佳状态。此外，辅助电路部分还包括具有自动温度控制和自动功率控制保护功能的电路。

另一种光纤放大器是利用传输光纤制作的常规光纤放大器，它是利用光纤的三阶非线性光学效应产生的增益机制对光信号进行放大。其特点是传输线路和放大线路同为光纤，是一种分布参数式的光放大器。其主要的缺点是由于单位长度的增益系数较低，需要很高的泵浦光功率。光纤拉曼放大器

（FRA）是这类器件中的佼佼者，它具有在 1 270～1 670 nm 全波段实现光放大和利用传输光纤进行在线放大的优点，成为继 EDFA 之后的又一颗璀璨的明珠。

（三）EDFA 的应用形式与特点

1. EDFA 的应用形式

（1）系统线路放大器：将 EDFA 直接接入光纤传输链路中作为在线放大器或光中继器，取代光—电—光中继器，实现光—光放大。可广泛应用于长途通信、越洋通信和 CATV 分配网络等领域。

（2）功率放大器：将 EDFA 接在光发射机的光源之后对信号进行放大。由于增加了入纤的光功率，从而可延长传输距离。

（3）前置放大器：将 EDFA 放在光接收机的前面，可以提高光接收机的接收灵敏度。

（4）LAN 放大器：将 EDFA 放在光纤局域网络中用作分配补偿器，以便增加光节点的数目，为更多的用户服务。

2. EDFA 的主要特点

（1）工作波长为 1 550 nm，与光纤的低损耗波段一致。

（2）EDFA 的信号增益谱很宽，达到 30 nm 或更高，可用于多路信号的放大，尤其适合于密集波分复用（DWDM）光纤通信系统。

（3）EDFA 的增益高约 20～40 dB，且具有较高的饱和输出功率，一般为 10～20 dBm。

（4）EDFA 具有较低的噪声指数，为 4～8 dB。

（5）与光纤的耦合损耗小，甚至可达 0.1 dB。

（6）所需泵浦光功率较低，为数十毫瓦；泵浦效率较高。

四、光波分复用器/解复用器

光波分复用（WDM）器件是波分复用系统的重要组成部分，是关系波分复用系统性能的关键器件。光波分复用器是将多个波长的信号复合在一起并注入传输光纤中的器件，解复用器则是将多路复用的光信号按波长分开的一类器件。两类器件通常被称为波分复用器，一般波分复用器既可作为复用器，也可作为解复用器使用。对波分复用器件的主要要求是：① 插入损耗小，隔离度大，串扰小；② 带内平坦，带外插入损耗变化陡峭；③ 温度稳定性好，工作稳定、可靠；④ 复用通路数多，尺寸小。

目前，在光纤通信系统中常用的波分复用器主要有光栅型、干涉型、光纤方向耦合器型、光滤波器型等。干涉型复用和解复用器件多种多样，常用的有干涉膜滤波器型和阵列波导光栅型。

五、光中继器和光转发器

（一）光中继器

光中继器是在长距离的光纤通信系统中补偿光缆线路光信号的损耗和消除信号畸变及噪声影响的设备或子系统，其作用是延长通信距离。光中继器通常由光接收、定时判决电路和光发送三部分及远供电源等辅助设备组成。光中继器将从光纤中接收到的弱光信号经光检测器转换成电信号，再生或放大后，再次激励光源，转换成较强的光信号，送入光纤继续传输。

光中继器是一种在光信号上同时执行再放大、重新整形和重新定时功能的设备或子系统，因此被称作 3R 光中继器。该装置将信号的振幅恢复到适合于继续向前传输的水平，消除波形上的任何振幅噪声或失真，并对信号进行再定时以消除可能存在的定时抖动。

（二）光转发器

光转发器是光纤通信系统和网络的关键设备或子系统。它可以实现将任意标准的光信号转换至满足 ITU-T 建议要求的标准波长光信号，或者将 ITU-T 建议要求的标准波长光信号转换成系统网络要求的波长的光信号，也可以做中继器使用。光转发器有光/电/光型和全光型两种，全光型光转发器尚未完全达到商用水平。

第四节　光纤通信系统

光纤通信系统有以下不同的划分方法。按传输信号的种类划分，有光纤模拟通信系统和光纤数字通信系统；按系统工作波长划分，有短波长光纤通信系统和长波长光纤通信系统；按传输信号的速率划分，有高速光纤通信系统和低速光纤通信系统；按照复用类型划分，有空分复用、波分复用、时分复用、偏分复用和模分复用等。

目前，强度调制-直接检测（IM-DD）光纤通信系统是光纤通信系统基本的形式。这里首先介绍数字 IM-DD 光纤通信系统的组成和基本原理，然后介绍波分复用系统、偏振复用技术、相干光通信系统和其他先进的光纤通信系统和技术。

一、强度调制-直接检测光纤通信系统

IM-DD 光纤通信系统是在发送端用信号调制光载波的强度，在接收端用光检测器直接检测光信号的光纤通信系统。IM-DD 光纤通信系统的基本结构包括编码/信号整形部分、调制器/驱动器、光源、传输线路光纤、光检测器、放大器、解码/解调器等。如果光通信系统进行长距离传输，系统还需要增加光中继器。

系统光源的调制实施方案有两种方式：外调制和内调制。内调制适合于半导体光源（LD、LED），它将要传送的信息转变为电流信号注入光源器件，经电光转换，获得相应的光信号输出，输出光波幅值与调制信号成比例且呈线性关系。按调制信号的形式，内调制又可分为模拟调制和数字调制：模拟调制是直接用连续的模拟信号（如语音或视频信号）对光源进行调制；一般数字调制是指 PCM 编码调制，先将连续变化的模拟信号通过抽样、量化和

编码转换成一组二进制脉冲代码来表示信号,实现调制。

当光纤通信系统向高速方向发展时,内调制难以满足要求,不得不采用外调制。外调制是在光源外对光源发出的光载波进行调制,即利用晶体的电光、磁光和声光效应等性质对光波进行调制。具体实施方法是:在激光器输出的光路上放置光调制器,并对调制器进行电压调制,使经过调制器的光载波得到调制。光调制器可采用铌酸锂调制器、电吸收调制器等。由于外调制是对光载波进行调制,不但可对光强度,还可对相位、偏振和波长进行调制。

直接检测是指不经过任何变换用光检测器直接检测光信号,并转换成电信号。通过光纤传输过来的光信号一般都非常微弱,经过光检测器转换成的电信号也非常微弱,需要先经放大、再生。如果原始信号是模拟信号,其再生只需要滤波器即可;如是数字信号,还要增加判决、时钟提取和自动增益控制等电路。

由于光纤或光缆的长度受光纤拉制工艺和光缆施工条件的限制,且光纤的拉制长度也是有限度的(如 1 km)。因此,光纤间的连接、光纤与光端机的连接及耦合,在系统中对光纤连接器、耦合器等无源器件的使用是必不可少的。

二、光波分复用高速传输系统

光波分复用技术(Wavelength Division Multiplexing,WDM)的出现使光通信系统的容量几十倍、成百倍地增长,可以说没有波分复用技术也就没有现在蓬勃发展的光通信事业。目前我国的干线传输系统和大中城市的城域网已采用了 WDM 技术。WDM 技术在实现产业化的同时,向着超高速率、超大容量、超长距离发展,WDM 已成为不可替代的主导技术。随着网络 IP 化的不断发展,WDM 高速传输系统向着更大容量的 100 G/400 G WDM 演进。

（一）WDM 系统的基本结构、工作原理和特点

1. WDM 系统构成

WDM 技术是在一根光纤中同时传输多波长光信号的一项技术。其基本原理是在发送端将不同波长的信号组合起来（复用），并送入光缆线路上的同一根光纤中进行传输，在接收端又将组合波长的光信号分开（解复用），并作进一步处理，恢复出原信号后送入不同的终端，因此将此项技术称为光波长分割复用，简称光波分复用技术。

WDM 系统按照工作波长的波段不同可以分为两类：一类是采用1 310 nm 和 1 550 nm 波长的复用，称为粗波分复用（CWDM）；另一类是在1 550 nm 波段的密集波分复用（DWDM），它是在同一窗口中信道间隔较小的波分复用，可以同时采用 8、16 或更多个波长在一对光纤上（也可采用单纤）构成光纤通信系统，其中每个波长之间的间隔为 1.6 nm、0.8 nm 或更低，对应的带宽为 200 GHz、100 GHz 或更窄。如果光纤由 OH⁻所致的损耗峰可以消除的话，那么可以使波分复用系统的可用波长范围扩展到 1 280～1 620 nm 波段，达到 340 nm 左右，大大提高传输容量。目前 DWDM 采用的信道波长是等间隔的，如 $k×0.8$ nm，k 为正整数。由于 EDFA 成功地应用于DWDM 系统，极大地增加了光纤中可传输的信息容量和传输距离。

WDM 系统的基本构成主要有两种基本形式：双纤单向传输和单纤双向传输。单纤双向传输是指光通路在一根光纤中同时沿着两个不同的方向传输，双向传输的波长相互分开，以实现彼此双方全双工的通信。双纤单向传输是指采用两根光纤实现两个方向信号传输，完成全双工通信。

DWDM 系统主要由五部分组成：光发射机、光中继放大器、光接收机、光监控信道和网络管理系统。其中，光发射机是 DWDM 系统的核心，根据ITU-T 建议和标准，光发射机中的半导体激光器必须能够发射标准的波长，并具有一定的光谱线宽，此外还必须稳定、可靠。

在系统的发送端首先将来自终端设备（如 SDH 端机）输出的光信号，利用光转发器（OTU）把非规范的波长的光信号转换成符合 ITU-T 建议的标准波长的光信号；利用光复用器（或称作光合波器）合成多通路光信号；通过光功率放大器（BA）放大输出多通路光信号，以提高进入光纤的光功率，一般采用 EDFA 作为光功率放大器。

经过长距离（80～120 km）光纤传输后，需要对光信号进行光中继放大。目前使用的光中继放大器多数为 EDFA。在接收端，光前置放大器（PA）放大经过传输而衰减的主信道的光信号，光前置放大器仍可采用 EDFA。采用光解复用器（或称分波器）将主信道的多路信号分开，送入不同的光接收机。光接收机必须具备一定的灵敏度、动态范围、足够电带宽和噪声性能。

DWDM 系统中的光监控信道的功能是监控系统内各信道的传输情况。在发送端插入光监控信号 λS，它与主信道的光信号合波后输出；在接收端将收到的光信号分波，分别输出光监控信号和主信道的光信号。帧同步字节、公务字节和网管所用的开销字节等都是通过光监控信道来传输的。监控信道的波长可选 1 310 nm、1 480 nm 或 1 510 nm，它们位于 EDFA 的增益带宽之外，所以这种监控称为带外波长监控技术。

网络管理系统通过光监控信道物理层传送开销字节到网络其他节点或接收来自其他节点的开销字节对 DWDM 系统进行管理，实现配置管理、故障管理、性能管理和安全管理等功能，并与上层管理系统连接。

在实现 DWDM 系统中，最关键的器件主要有：满足 ITU-T 建议波长要求的半导体激光器、滤波器、耦合器、光波分复用器和解复用器、光放大器等。在 DWDM 系统中所用的光源，一般要求是发光波长精确、稳定，发射功率稳定，光谱线宽窄，成本低，具有配套的波长监测与稳定技术。

2. WDM 技术的主要特点

（1）充分利用了光纤的巨大带宽资源（低损耗波段），使一根光纤的传输容量比单波长传输增加几倍至几十倍，从而增加了光纤的传输容量，在很大程度上解决了传输的带宽问题。

（2）WDM 技术中使用的各波长相互独立，因而可以传输特性完全不同的信号，完成各种业务信号的综合和分离，包括数字信号和模拟信号，以及 PDH 信号和 SDH 信号，实现多媒体信号（如音频、视频、数据、文字、图像等）的混合传输。

（3）WDM 技术可以实现单根光纤的双向传输，以节省大量的线路投资。

（4）WDM 技术可以有多种应用形式，如长途干线的传输网络、广播式分配网络、局域网等。

（5）WDM 技术使 N 个波长复用起来在单根光纤中传输，在大容量长途传输时可以节约大量光纤，对已经建成的光纤通信系统可以很容易地进行扩容升级，因而 WDM 技术可以节约线路投资。

（6）随着传输速率的不断提高，许多光电器件的响应速度已明显不足。使用 WDM 技术可以降低对一些器件在性能上的极高要求，同时又可实现大容量传输。

（7）WDM 的信道对数据格式是透明的，即与信号的速率和电调制方式无关，在网络扩充和发展中是理想的扩容手段，也是引入宽带新业务的方便手段。

（8）利用 WDM 技术可以实现高度的组网灵活性、经济性和可靠性。

（二）高速调制/码型技术

对于 10 Gbit/s 及以下速率的光纤通信系统，普遍采用开关键控和直接检测的非归零码型。这种调制码型的实现方式简单，对于 10 Gbit/s 及以下速率的信号有很好的传输性能。随着线路传输速率提升到 40 Gbit/s 和 100 Gbit/s，如果仍采用 NRZ-OOK 调制码型，传输性能会受到限制，其原因是随着传输速率的提高，信号频谱将会展宽，信号带内的噪声也会相应地增加。此外，对于接收光信噪比要求也相应提高，需要提高单通道光功率，而非线性效应的影响会引入一定的系统代价。调制码型方式直接影响系统的信噪比、色度色散、偏振模色散容限以及非线性效应等性能。因此需要引入新的调制码型，才能实现与 10 Gbit/s 系统相当的传输性能。

对于 40 Gbit/s 光传输系统，以差分相移键控和正交相移键控两种调制码型为主，同时部分引入偏振复用-正交相移键控（DP/PM-QPSK）调制码型。对于 100 Gbit/s 光传输系统，调制码型的选择相对统一，引入了偏振复用技术，DP/PM-QPSK 调制码型成为主流选择。

（三）色散补偿技术

光信号在光纤中传输时，除光纤的衰减以外，色散是限制光信号传输距离的一个重要因素。光纤中的色散包括色度色散和偏振模色散。为了实现超大容量和超长距离的传输，需要采用相应的色散补偿技术。

1. 色度色散补偿技术

色度色散是指不同波长的信号光在光纤中传输时的群延时差不同所引起的光脉冲展宽，从而影响信号传输的现象。

单模光纤中的色散主要包括材料色散和波导色散两部分。对于普通单模光纤，其零色散波长为 1 310 nm。而在 1 550 nm 处的色散系数为 17 ps/（nm·km），随着传输速率的提高，对于 10 Gbit/s 的光信号，就已经很难实现长距离的传输。

对于 10 Gbit/s 的传输系统来说，一般采用色散补偿模块（DCM）对光纤线路的色散进行补偿，DCM 一般由色散补偿光纤（DCF）组成。当单波长速率提高到 40 Gbit/s 和 100 Gbit/s 时，就需要对色散进行精确管理和使用相应的色散补偿技术，否则将无法实现长距离的传输。

对于 40 Gbit/s 和 100 Gbit/s 传输系统，色度色散的补偿方案有两种：其一是采用 DCM 和可调色散补偿器（TDC）的方法，TDC 是对光信号残余色散做精确的补偿；其二是采用电域色散补偿技术。电域色散补偿技术是基于相干光接收技术、数字信号处理技术和均衡化算法的色散补偿技术。对于相干接收的 40 Gbit/s 和 100 Gbit/s 传输系统，由于采用了 DPSK 和 DQPSK、DP/PM-QPSK 等高阶的调制码型，一般不需要在线路中采用 DCM 进行色散补偿，仅需要在接收端通过数字信号处理算法在电域统一进行色散补偿。电域色散补偿技术可以实现很高的色散容限，同时大大降低了系统规划和设计的难度。

2. 偏振模色散补偿技术

光纤中的光信号，一般存在两个正交的偏振态。光纤的弯曲、变形、应力受温度等多种因素的影响，使得光纤中沿着两个不同方向偏振的同一模式的相位常数 β 不同，从而导致这两个偏振态的传输速度不同步，形成偏振模色散（PMD）。PMD 是影响高速长距离光传输系统性能的一个关键因素。

PMD 的一个显著特征是具备动态统计特性，PMD 值是在一个较大的范围内随外界环境、压力等因素的变化而不断变化的，因而系统的 PMD 非常难以统计和控制。此外，PMD 还有一阶 PMD 及高阶 PMD 之分。

对于 40 Gbit/s 传输系统，由于采用了 DPSK 和 DQPSK 等高阶的调制码型，其 PMD 容限有一定的提升，一般不需要进行额外的 PMD 补偿。对于 100 Gbit/s 传输系统，由于采用了相干光接收技术和数字信号处理技术，可以在电域对 PMD 进行补偿，因此 100 Gbit/s 的系统具有非常高的 PMD 容限。对于 40 Gbit/s 相干系统，同样由于采用了电域对 PMD 进行补偿，系统具备了很高的 PMD 容限。

（四）非线性效应抑制技术

随着光纤中光信号强度的提升，光纤开始表现为非线性介质，尤其是 EDFA 的应用，使得光纤中的光信号强度相比之前有了大幅度的提升，这使得光纤中的非线性效应越来越显著。

影响 WDM 系统性能的非线性效应主要包括通道内非线性效应和通道间非线性效应。通道内非线性效应包括两大类：一是信号与噪声之间相互作用产生的非线性效应，包括非线性相位噪声（NPN）和参量放大引起的调制不稳定(MI)；二是信号与信号之间产生的非线性效应,包括自相位调制（SPM）、通道内交叉相位调制（XPM）和通道内四波混频效应（FWM）。通道间非线性效应也包括信号与噪声之间相互作用产生的非线性相位噪声，以及信号与信号之间的非线性效应。

随着 WDM 系统单通道传输速率的提高，非线性效应对系统的影响越来越显著。对于大于 10 Gbit/s 的系统而言，通道内非线性效应的影响起主要作用。非线性效应的主要影响表现在会引起非线性相移，从而对信号脉冲形状和幅度都会产生影响，降低信号质量，影响传输距离。对于 40 Gbit/s 和 100 Gbit/s 传输系统，则需要采用非线性抑制技术来提高系统的传输性能。目前非线性抑制技术可以对 SPM、XPM 和 FWM 效应引起的非线性损伤进行有效抑制或补偿。对于 NPN，还没有有效的手段对其进行有效抑制或补偿。

非线性抑制和补偿技术主要有色散管理技术和电域补偿技术两类。

色散位移光纤在 1 550 nm 单一波长处进行长距离传输具有很大优越性，但当在一根光纤上同时传输多波长光信号并采用光放大器时，这种光纤就会在零色散波长区出现严重的非线性效应，限制了 WDM 系统的应用。因此，非零色散位移光纤才发展起来，并成为超高速光纤传输系统的主要选择之一。由于色散对光纤中的非线性效应产生直接的影响，因此在实际系统应用中，可以通过色散管理技术对非线性效应进行抑制，从而降低非线性效应对系统性能的影响。色散管理技术主要是对光纤链路的色散图谱进行设计，以达到同时实现色散补偿和非线性效应抑制的目的。

（五）前向纠错（FEC）技术

FEC 技术已经广泛应用于光纤通信系统中，它在高速、长距离的色散限制系统中的使用尤为重要。它使得系统在传输中产生的突发性长串误码和随机单个误码得到纠正，提高了通信的质量，同时也提高了接收机的灵敏度，延长了无中继传输距离，增加了传输容量，是提高系统可靠性的一个重要手段。

FEC 技术的原理是在发射端通过某种编码加入校验比特，在接收端利用比特之间的校验关系，通过某种方式的译码计算来对信号中的错误进行纠正，从而实现在接收时可以容忍一定误码存在而不至于使客户业务产生误码，这一方法提升了系统的传输能力。

目前长距离光传输系统基本采用带外 FEC 方式。带外 FEC 是在帧尾为 FEC 增加相关的开销区域，专门用于装载 FEC 校验比特，在接收端采用相应的算法进行纠错。

FEC 的译码方式分为硬判决译码和软判决译码两种。硬判决 FEC 译码器输入为 0、1 电平，由于其复杂度低，理论成熟，已经广泛应用于多种场景。软判决 FEC 译码器输入为多级量化电平。在相同码率下，软判决较硬判决有更高的增益，但译码复杂度会成倍增加。10 Gbit/s 和 40 Gbit/s WDM 系统所采用的均为硬判决 FEC。对于 100 Gbit/s 系统，除了采用硬判决 FEC 之外，为了实现更好的 FEC 纠错性能，软判决 FEC 也在实际商用产品中得到应用。

三、相干光通信系统

长距离、大容量、高速率光纤通信系统是光通信的追求目标。尽管波分复用技术和掺铒光纤放大器的广泛应用已经极大地提高了光通信系统的带宽和传输距离，然而伴随着互联网的普及产生的信息爆炸式增长，对作为整个通信系统基础的物理层提出了更高的传输性能要求。目前，10 Gbit/s 及以下速率的光纤通信系统都是采用 IM-DD 的方案，直接检测方式的缺点是在接收端丢失了信号的相位信息，接收机无法对线路上的各种线性损伤进行有效的补偿，只能在线路上通过光学的手段进行补偿。对于 40 Gbit/s 和 100 Gbit/s 系统，一般在 50 GHz 间隔实现长距离传输，特别是对于 100 Gbit/s 系统，需要采用高阶调制编码和偏振复用的方式，因此采用直接检测的方法很难恢复出原始的信号，必须采用具有相干检测的相干光通信系统。

（一）相干光通信系统的工作过程

相干光通信的工作过程为：在发送端，采用间接调制或者直接调制方式将信号以调幅、调相、调频等方式调制到光载波上，经过光纤传输到接收端。当信号光传输到达接收端时，首先经耦合器与本振光合路，再进入光检测器，与本地振荡光信号进行光电混频；光检测器输出的混频后的电信号经过电信号处理单元选出本振光和信号光的差频信号（也称中频）。根据差频的大小，可以将相干接收技术分为三大类，分别是零差相干接收、外差相干接收和内差相干接收。

当差频为零时，称为零差接收。由于零差接收需要用到光锁相环技术，且这一技术较为复杂，零差相干接收未在实际的高速光传输系统中应用。

当差频大于基带信号的频宽时，称为外差相干接收。在外差接收中，差频为中频信号，它携带了要传输的信号的信息，在电信号处理单元经过对差频信号进行中频放大、解调等步骤，恢复出要传输的信号。由于差频大于基带信号的频宽，使得后续处理电路的频率要求较高。一般要求差频为基带频宽的 3 倍以上，对于超高速光纤系统来说，目前的技术还无法实现。

当差频小于基带信号的频宽时，称为内差相干接收。这也是目前相干 40 Gbit/s 系统和 100 Gbit/s 系统中普遍采用的接收方案。此时差频大小为吉赫兹量级，小于基带信号的频宽。

（二）相干光通信技术的主要特点

相干光通信系统与 IM/DD 系统相比，具有更好的接收灵敏度，而且相干检测保留了信号的相位信息，使得后续采用数字信号处理技术实现电域补偿和均衡成为可能，是 100 Gbit/s 及更高速率传输的必然选择。这一技术具有以下独特的优点。

1. 灵敏度高，中继距离长

相干光通信的一个最主要的优点是进行相干探测，从而改善接收机的灵敏度。在相干光通信系统中，经相干混合后输出光电流的大小与信号光功率和本振光功率的乘积成正比。在相同的条件下，相干接收机比普通接收机提高灵敏度约 20 dB，可以达到接近散粒噪声极限的高性能，因此也增加了光信号的无中继传输距离。

2. 频率选择性好，通信容量大

相干光通信的另一个主要优点是可以提高接收机的频率选择性。在相干外差探测中，探测的是信号光和本振光的混频光，只有在中频频带内的噪声才可以进入系统，而其他噪声均被带宽较窄的微波中频放大器滤除。此外，由于相干探测优良的频率选择性，相干接收机可以使频分复用系统的频率间隔大大缩小，即 DWDM，取代传统光复用技术的大频率间隔，具有以频分复用实现更高传输速率的潜在优势。

3. 具有多种调制方式

在传统的 IM/DD 光通信系统中，只能使用强度调制方式对光进行调制。而在相干光通信中，除了可以对光进行幅度调制外，还可以使用 PSK、DPSK、QAM 等多种调制格式，虽然增加了系统的复杂性，但是相对于传统光纤通信系统可以实现更高传输速率，同时可以提高频带利用率。

4. 可以使用电域的均衡技术来补偿光纤中的色散效应和非线性效应

相干检测可以保留信号的所有信息，因此可以通过后续的算法实现对光信号的均衡和相位估计。对于 CD、PMD 和非线性损伤，均可以在电域通过算法进行补偿。

（三）相干光通信技术中的关键技术

实现相干光通信系统涉及一系列技术问题，主要有以下关键技术。

1. 窄线宽的半导体激光器

相干光纤通信系统中对信号光源和本振光源的要求比较高，要求光谱线窄、频率稳定度高。光源本身的谱线宽度将决定系统所能达到的最低误码率，应尽量减小。

2. 调制技术

在相干光通信系统中，除 FSK 可以采用直接注入电流进行频率调制外，其他均采用间接调制方式。

3. 接收技术

相干光通信的接收技术包括两部分：一部分是光的接收技术，另一部分是中频之后的各种制式的解调技术。解调技术实际上是电子的 ASK、FSK 和 PSK 等的解调技术。在光的接收技术中，主要有平衡接收、偏振分集接收和相位分集接收。

4. 偏振控制技术

相干光通信系统接收端必须要求信号光和本振光的偏振相同，才能取得良好的混频效果，提高接收灵敏度。信号光经过单模光纤长距离传输后，偏振态是随机起伏的，为此，人们提出了很多方法，如采用保偏光纤、偏振控制器和偏振分集接收等方法。

四、光偏振复用系统

在标准单模光纤中，传输的基模是由两个相互正交的偏振模式构成。在同一波长信道中，通过对光的两个相互正交的偏振态进行调制，可以同时传输两路独立数据信息，从而使系统总容量加倍，并提高系统的频谱利用率。光偏振复用（PDM）系统可以在不额外占用系统频谱资源的情况下，使每个波长信道的传输速率提高一倍，而且 PDM 和现有的 WDM 系统具有很好的兼容性。除此以外，PDM 技术还可以采用各种新型调制编码，以及相干检测技术。

根据 PDM 系统的解复用技术，PDM 可以分为直接检测 PDM 系统和相干检测 PDM 系统。直接检测系统主要是通过在接收端实时、动态地跟踪到达信号的偏振态，并反馈给在接收机前的自动偏振控制器，从而将两个正交偏振态信道上的信号进行分离。相干检测 PDM 系统不需要动态跟踪接收信号的偏振态，它是将相干检测技术和数字信号处理（DSP）技术相结合，通过 DSP 算法来完成正交偏振态信道信号的解复用。

相干检测 PDM 系统一方面可以提高接收机的灵敏度；另一方面可以通过 DSP 算法实现对 CD、PMD、非线性损伤等进行补偿。因此，PDM 技术是实现单波长信道超 100 Gbit/s 传输系统中的关键技术之一。

第五节　光网络技术

光网络是面向传送的信息基础设施，在现代通信网中发挥着重要作用。近十年来，随着互联网技术的快速发展，具备宽带、动态、突发等显著特征的 IP 业务呈爆炸式迅猛崛起，对通信容量、服务质量、灵活性和可靠性提出了越来越高的要求。与此同时，波分复用技术的成熟与广泛应用，为充分挖掘光纤带宽和支撑网络通信能力的增长提供了根本保证。

从光网络的发展演进趋势看，呈现出 IP/数据驱动、波长传送、智能控制等主要特点。

（1）IP/数据驱动是光网技术创新之源：为满足大容量 IP 承载网和多种数据业务颗粒交换的通信需求，围绕 GE/10GE/100GE 业务接入和交叉调度能力形成了新一代的光传送网体系架构，同时向支持业务统计复用的分组传送网功能发展。

（2）波长传送是光网统一平台之基：采用面向波长传送的技术路线为实现光层通道组织和构建光网统一平台提供了可行的解决方案，当前由固定栅格向灵活栅格技术发展，可进一步提高全光网通信的能力和效率。

（3）智能控制是光网发展必由之路：针对光网络自动交换和动态联网的功能需求，引入控制平面技术，实现智能化的连接建立、维护和拆除，完成资源自动发现与管理,是光网络发展的必然趋势。

基于应用范围、技术关键点、标准化路线和通信技术更新换代的不同考虑,光网络发展出现了多元化的倾向,各种类型的解决方案在满足传送网基本功能要求的前提下呈现出不同的层次结构和性能特征。下面重点讲述若干代表性光网络技术,包括光传送网(OTN)、分组传送网(PTN)、频谱灵活光网络等,它们分别基于不同角度的发展思路和不同阶段的需求驱动,在宽带网络中发挥了重要作用。

一、光传送网技术

随着社会经济的发展,人们对信息的需求急剧增加,信息量呈指数增长,通信业务也从电话、数据向视频、多媒体等宽带业务发展,对通信节点的交叉调度能力提出了新的要求。传统的光同步数字传送网(SDH)方案存在交叉粒度小、节点容量有限、业务指配处理复杂等局限性,难以发挥 WDM 传输的带宽优势,进一步的发展方向是更为灵活、具备大带宽和多颗粒度业务交换能力的新型传送网技术,从而满足超高速多业务的接入和交叉调度功能需求,光传送网(Optical Transport Network,OTN)应运而生。

(一)光传送网基本结构

光传送网是一种以波分复用和光通路技术为核心的新型通信网络传送体系,它由通过光纤链路连接的光分插复用、光交叉连接、光放大等网元设备组成,对承载客户信号的光通路实现传送、复用、交换、管理、监控和生存性等功能。完整的 OTN 包含光层和电层。在光层,OTN 可以实现大颗粒的处理,类似于 WDM 系统;在电层,OTN 使用异步的映射和复用。OTN技术在实现与 WDM 同样充足带宽的前提下,具备和 SDH 一样的组网能力,同时克服了以虚容器调度为基础的 SDH 传送网在扩展性和效率方面的明显不足,提供了一种用于管理多波长、多光纤网络带宽资源的经济有效的技术手段。与其他类型的传送网络相比较,OTN 可综合利用电层交叉与光层交叉的优势，具有吞吐量大、透明度高、兼容性好和生存能力强等特点，成为面向新一代高速率通信网络重要的统一光传送平台技术，代表了大容量多业务统一承载的发展方向，是国家宽带网络基础设施建设的关键，具有极其广阔的应用前景和市场潜力。

实现光层联网的基本目的包括：① 消除电子设备引入的带宽瓶颈，大大提高传送网的吞吐容量；② 允许旁路非落地业务，降低对节点路由器规模的要求；③ 提供了透明的光传送平台，允许互连任何新老系统和制式的信号；④ 采用合理的网络分层技术减少建网成本和维护管理成本；⑤ 同时实现光层和数据业务层在不同粒度上的联网，可以增强网络整体资源利用率与组网灵活性；⑥ 实现以波长为基础的快速故障保护与自动恢复，保证光层服务质量（QoS）；⑦ 支持网络可扩展性，允许随节点数目和业务量增长平滑升级现有网络；⑧ 支持网络可重构性，允许根据业务需求变化动态配置网络逻辑拓扑；⑨ 网络可靠性高、可维护性好，便于开通基于波长或光纤级别的新业务。

OTN 网络可支持基于单向点到点、双向点到点、单向点到多点的光层连接类型，可基于线型、环型、树型、星型和网状型等多种拓扑组网。

OTN 传送网从垂直方向分为三层，即光通道（OCh）层网络、光复用段（OMS）层网络和光传输段（OTS）层网络。

光传送网的各层功能如下。

（1）光通道（OCh）层网络。OCh 层主要负责为各种不同格式的客户信号提供透明的端到端的光传输通道，提供包括路由选择、波长分配、光信道连接、交叉调度、信道检测及管理、资源配置以及光层保护与恢复等功能。例如，利用光通道层的重新选路或切换至保护路由功能以保证网络路由的灵活性；通过处理光通道层开销，保证光信号适配信息的完整性；实现光通道层的管理、检测、操作、维护等运维功能。OCh 层通过光通道路径实现接入点之间的数字客户信号传送，其特征信息包括与光通道连接相关联并定义了带宽及信噪比的光信号和实现通道外开销的数据流。OCh 层的终端包括路径源端、路径宿端、双向路径终端三种方式，主要实现 OCh 连接的完整性验证、传输质量的评估、传输缺陷的指示和检测等功能。

光通道层在具体实现时进一步划分为三个子层：光净荷单元（OPU）子层、光数据单元（ODU）子层和光传送单元（OTU）子层。其中后两个子层采用数字封装技术实现。

（2）光复用段（OMS）层网络。OMS 层支持波长复用，以信道的形式管理相邻两个波长复用设备间多波长复用光信号的完整传输，提供包括波分复用、复用段保护和恢复等功能。例如，为灵活的多波长网络选路安排光复用段层功能；通过处理光复用段层开销，保证多波长复用光信号适配信息的完整性；实现光复用段层的管理、检测、操作、维护等运维功能。

OMS 层网络通过 OMS 路径实现光通道在接入点之间的传送，其特征信息包括 OCh 层适配信息的数据流和复用段路径终端开销的数据流，采用 n 级光复用单元 OMU-n 表示，其中 n 为光通道个数。光复用段中的光通道可以承载业务，也可以不承载业务，不承载业务的光通道可以配置或不配置光信号。

（3）光传输段（OTS）层网络。OTS 层负责为光信号在不同类型的光媒质（如 G.652、G.653、G.655 光纤等）上提供传输功能，用来确保光传输段适配信息的完整性，同时实现光放大器或中继器的检测和控制功能。其中主要功能有：通过接入点之间光传输段路径为光复用段的信号在不同类型的光媒质上提供传输功能；实现光传输段层的管理、检测、操作、维护等运维功能。

OTS 层网络通过 OTS 路径实现光复用段在接入点之间的传送。OTS 定义了物理接口，包括频率、功率和信噪比等参数，其特征信息可由逻辑信号描述，即 OMS 层适配信息和特定的 OTS 路径终端管理/维护开销，也可由物理信号描述，即 n 级光复用段和光监控通路，具体表示为 n 级光传输模块 OTM-n。OTS 层网络的终端包括路径源端、路径宿端、双向路径终端三种方式，主要实现 OTS 连接的完整性验证、传输质量的评估、传输缺陷的指示和检测等功能。

（二）光传送网主要特点

OTN 综合了 SDH 的灵活性和 WDM 的带宽可扩展性，其特点主要体现在以下几个方面。

1. 分层化的光电融合

随着网络所需的电路带宽和业务颗粒度的不断增大，SDH 已难以满足传送要求，迫切需要在 WDM 基础上实现类似 SDH 的子波长/波长调度能力，支持对 GE、10GE、40G 等大颗粒业务的端到端传送与高效提供，降低网络建设成本。而 OTN 既包含了光层网络，又包含了电层网络。从电域的角度看，OTN 保留了许多 SDH 的优点，OTN 不仅可以进行大数据业务透明传输，而且还具有多域网络和级联监视等多层功能。从光域的角度看，OTN 可以提供子波长/波长的多层面调度，使 OTN 网络实现更加精细的带宽管理，提高调度效率及网络带宽利用率，满足客户不同容量的带宽需求，增强网络带宽的运营能力。

2. 多业务信号封装与透明传送

OTN 一个重要出发点是子网内的全光透明性，仅在子网边界处采用光/电/光技术。OTN 按照信号的波长来进行信号处理，因此，它对子网内传送的信号的传输速率、数据格式及调制方式完全透明，这意味着光传送网不仅可以透明传送 SDH、IP、以太网、帧中继和 ATM 等客户信号，而且完全可以透明传送后续使用的新的数字业务信号。

3. 端到端维护管理

在 OTN 网络中，原本由 SDH 完成的电路组网、性能维护与管理等功能将主要由 WDM 承担。OTN 定义了丰富的开销字节，使 WDM 具备同 SDH 一样灵活的运维管理能力。光层采用 G.709 标准接口，增进了互联互通。尤其是多层嵌套的串联连接监视（TCM）功能，支持跨越多个管理域或网络的端到端性能监控和管理，可实现嵌套、级联等复杂网络的监控，显著提高了OTN 传送网的可维护性。

4. 快速、可靠地保护恢复

IP 层保护技术的发展将直接挑战传送层的保护技术，路由器集成彩色光口的组网模式在一定程度上限制了光层组网的灵活性和可管理性。OTN 融合了 L1 和 L2 的交换与保护功能，基于 OTN 交换的 WDM 设备可以实现波长/子波长的快速保护恢复，提高了对 IP 业务的承载效率和组网生存能力。

5. 从点对点传输到动态联网

单纯的 WDM 系统只是一种光纤传输技术，不涉及组网方案。OTN 在 WDM 基础上引入了面向大颗粒业务的节点交换能力，支持传送网由简单的点对点传输方式转向光层联网方式，以改进组网效率和灵活性。同时，OTN 可有效满足控制平面技术的加载需求，实现端到端、多层次的动态灵活联网。

6. 支持信息的频率同步、时间同步传输

OTN 通过同步以太实现频率同步，通过 IEEE 1588 V2 实现时间同步功能，从而向下游业务平台提供各种同步信息服务。而这一特性对于 5G 移动通信等对同步要求较高的场景非常重要。

（三）光传送网关键技术

OTN 技术体制既包含电域的处理部分，也包含光域的处理部分，是一种光电有机融合的网络技术。

1. 分层技术

OTN 采用分层结构，不仅继承了 SDH 网络的分层概念，而且对其进行了进一步的拓展。对比原有的 SDH 网络分层结构可以看出，OTN 分层相当于在不改变电域内分层结构的基础上对光层进行了拓展，使其光层具有数据传输、信号复用、线路选择、数据传输监控等功能。

OTN 结构分为三层体系，分别为光通道层、光复用段层以及光传输段层。为进一步提升网络的透明性、可靠性和兼容性，OTN 还对光通道层进行了单元和功能划分，包括光净荷单元 OPUk、光数据单元 ODUk 以及光传送单元 OTUk，并为每一数据帧分配了相对独立的开销字节，以便更好地提供数据管理服务。而光净荷单元 OPUk、光数据单元 ODUk 以及光传送单元 OTUk 是在电域上进行处理和组装的，只有加入 FEC 形成完整的 OTUk 后，才送入光层完成后续操作。

2. 串联连接监测技术

串联连接监测技术（TCM）可以为 OTN 网络提供多达六级的连接监视服务，基于该服务，运营商或者设备商可以实现对 OTN 网络的分段、分级管理。OTN 网络下的 TCM 监测点可依照应用与监测需求被设置在不同位置，其使能状态也可以得到有效控制与管理，相较于 SDH 网络而言，其所能提供的故障定位服务更加快速，业务服务质量更好。同时，OTN 网络内的 TCM 还可以支持多种连接方式，如嵌套、串联、重叠等，以满足不同的应用需求，增强整个网络的监控能力。

运用 OTN 的 TCM 功能能够支持如下应用：光用户到网络接口（UNI）TCM，监测经过公共传送网的 ODUk 连接（从公共网络的入口到出口）；光网络到网络接口（NNI）TCM，监测经过一个网络运营商的网络的 ODUk 连接（从网络运营商的网络的入口到出口）；基于 TCM 所探测到的信号失效和信号劣化，能够在子网内部触发 1+1、1:1 或 1:N 等各种方式的光通道子网连接保护切换，也可实现光通道共享保护环的保护切换；运用 TCM 功能可进行故障定位，以及验证业务质量（QoS）。

3. 网络保护技术

随着线路速率的提升，光传送网络中保护机制显得更为重要。OTN 网络的保护分为两种类型，即线性保护和环网保护。

（1）线性保护

线性保护分为以下四种。

① OCh1+1 保护。这种保护结构具有一个正常业务信号、一个工作传送实体、一个保护传送实体和永久桥接。在源端，正常业务信号被永久桥接到工作和保护两个传送实体。在宿端，从两个传送实体中选择较好的一个正常业务信号。由于永久桥接，所以 1+1 结构不允许提供不受保护的额外业务信号。

② OCh1：N 保护。这种保护结构具有 n 个正常业务信号、n 个工作传送实体和一个保护传送实体，且可以有一个额外业务信号。在源端，正常业务信号或者被桥接到它的工作传送实体和保护传送实体（如果采用广播桥接方式），或者连接到它的工作或保护传送实体（如果采用选择器桥接方式）。在宿端，或者从它的工作传送实体，或从保护传送实体选择正常业务信号。当保护传送实体没有承载正常业务信号时，可以通过保护传送实体传送不受保护的额外业务信号。

③ ODUk 子网连接（SNC）保护。在 ODUk 层采用子网连接保护，子网连接保护是用于保护一个运营商网络或多个运营商网络内一部分路径的保护。一旦检测到启动倒换事件，保护倒换应在 50 ms 内完成。受到保护的子网络连接可以是两个连接点之间，也可以是一个连接点和一个终接连接点之间或两个终接连接点之间的完整端到端网络连接。子网连接保护是一种专用保护机制，可以用于任何物理结构，对子网络连接中的网元数量没有根本的限制。

④ ODUkM:N 保护。ODUkM:N 保护指一个或 N 个工作 ODUk 共享 1 个或 M 个保护 ODUk 资源。这是一种较为灵活的网络保护配置方式。

（2）环网保护

环网保护主要包括以下两种。

① OCh 环网保护。仅支持双向倒换，其保护倒换粒度为 OCh 光通道。每个节点需要根据节点状态、被保护业务信息和网络拓扑结构，判断被保护

业务是否受到故障的影响，从而进一步确定出通道保护状态，据此状态值确定相应的保护倒换动作；OChSPRing 保护是在业务的上路节点和下路节点直接进行双端倒换形成新的环路，不同于复用段环保护中采用故障区段两端相邻节点进行双端倒换的方式。

② ODUk 环网保护。仅在环上的节点对信号质量情况进行检测作为保护倒换条件，对协议的传递也仅仅需要环上的节点进行相应处理，仅支持双向倒换，其保护倒换粒度为 ODUk，即仅在业务上下路节点发生保护倒换动作。

4. 虚级联技术

OTN 中装载客户信号的是光传送模块中的 OPUk，如果客户信号的帧结构字节数大于标准 OPUk 的字节数，则需要将客户信号装入多个 OPUk 中，这就是虚级联技术，即 OTN 中的级联是通过 OPUk 信号的虚级联实现的。

OPUk-Xv 的开销包括：X 个净荷结构标识符（PSI），PSI 中包括净荷类型（PT）；X 个虚级联开销（VCOH），用于虚级联特定序列和复帧指示；与客户信号映射相关的开销，如调整控制和机会比特。通过上述开销，源端可以指示将哪些 ODUk 加入承载 OPUk 的虚级联中，同时可以增加或删除该虚级联组中的 ODUk 成员，从而实现带宽的灵活调整。宿端则按照上述指示，对特定的 ODUk 进行接收和数据拼装。

5. 多业务 OTN 技术

传统的 OTN 主要还是针对大颗粒 TDM 业务设计的，随着数据业务的蓬勃发展，多业务 OTN（MS-OTN）得到发展，其主要技术包括通用映射规程（GMP）、ODUflex 和 ODUflex（GFP）无损调整（G.HAO）。

（1）GMP

传统 OTN 建议中仅定义了 CBR 业务、GFP 业务和 ATM 业务的适配方案。随着业务种类的不断增加，客户对业务传送的透明性要求也不断提高。目前，客户信号的传送主要有 3 个级别的透明性，即帧透明、码字透明和比特透明。帧透明方式将会丢弃前导码和帧间隙信息，而这些字节中可能携带了一些私有应用。同样，码字透明方式也会破坏客户信号的原有信息。这两种透明传送方式均无法满足客户对业务的透明性需求，也无法支撑 CBR 业务的统一适配路径。

（2）ODUflex

针对未来将不断出现的各种速率级别的业务，ITU-T 定义了两种速率可变的 ODUflex 容器：一种是基于固定比特速率（CBR）业务的 ODUflex，这种 ODUflex 的速率有 3 个范围段，分别是 ODU1～ODU2、ODU2～ODU3 和 ODU3～ODU4，这种 ODUflex 通过 GMP 适配 CBR 业务；另一种是基于包业务的 ODUflex（GFP），这种 ODUflex（GFP）的速率为 1.38～104.134 Gbit/s，其速率原则上是任意可变的，但是 ITU-T 推荐采用 ODUk 时隙的倍数确定速率。这种 ODUflex（GFP）通过 GFP 适配包业务。ODUflex 和 ODUk（$k=0$，1，2，2e，3，4）构成了 MS-OTN 支撑多业务的低阶传送通道，能够覆盖 0～104 Gbit/s 范围内的所有业务。ODUflex 容器的提出，使 OTN 具备了多种业务的适应能力。

（3）ODUflex（GFP）无损调整（G.HAO）

针对 ODUflex（GFP），ITU-T 定义了一种无损调整（HAO）技术。这种技术能够提高 OTN 传送分组业务的带宽利用率，增强 OTN 网络部署的灵活性。ODUflex（GFP）连接中的所有节点必须支持 HAO 协议，否则需要关闭 ODUflex（GFP）连接并重新建立。ODUflex（GFP）链路配置的修改必须通过管理或控制平面下发。

6. 光节点实现技术

光传送网的透明性、可扩展性、可重构性等特点要依靠器件来实现。光网络的节点技术是网络技术的核心。光节点的引入，可以实现信号在光域上交换和选择路由，使得光域联网成为可能。目前，光网络节点类型主要可分为常规光分插复用器（OADM）、光交叉连接器（OXC）和可重构光分插复用器（ROADM）等。

（1）常规光分插复用器

光分插复用器的基本功能是从传输设备中有选择性地下路、上路，或仅仅直接通过某个波长信号，同时不影响其他波长信道的传输。也就是说，OADM 在光域内实现传统的电 SDH 分插复用在时域内完成的功能，而且具有透明性，可以处理任何格式和速率的信号。

（2）光交叉连接器

光交叉连接器（OXC）的功能与 SDH 中的数字交叉连接设备（SDXC）类似，不同点是在光域网上直接实现高速光信号的路由选择、网络恢复等，无须进行光/电/光转换和电处理。它是全光网的另外一种重要网元类型。

OXC 的光交换单元可采用两种基本交换机制，即空间交换和波长交换。实现空间交换可采用各种类型的光开关，它们在空间域上完成入端到出端的交换功能，典型结构如基于空间光开关矩阵和波分复用/解复用器对的 OXC 结构、基于空间光开关矩阵和可调谐滤波器的 OXC 结构、基于分送耦合开关的 OXC 结构、基于平行波长开关的 OXC 结构等。实现波长交换可采用各种类型的波长变换器，它们将信号从一个波长上转换到另一个波长上，实现波长域上的交换，典型结构如基于阵列波导光栅复用器的多级波长交换 OXC 结构、完全基于波长交换的 OXC 结构等。另外，光交换单元中还广泛使用了波长选择器（如各种类型的可调谐光滤波器和解复用器）。OXC 的难点之一是在光网络、光节点与业务接入层面上如何解决路由算法与控制问题。

（3）可重构光分插复用器

光分插复用器通过在光层实时调度波长路由，实现了波长路径的动态重构，在很大程度上提高了波分网络的灵活性。常规 OADM 实现简单，能够满足小规模波长路由节点的灵活调度需求，但是由于其模块集成度低，结构可扩展性差，难以适应波长数量众多、光层连接关系复杂的情况。因此，可重构光分插复用器（ROADM）成为新一代的光分插复用设备方案。

二、分组传送网技术

传统的承载网技术越来越难以满足多业务承载和灵活调度的要求。例如，SDH 及扩展技术（如多业务传送平台 MSTP）采用较为刚性的管道承载分组业务，统计复用效率不高，业务调度不灵活；而 OTN 技术的交换颗粒度太大，无法直接用于分组业务的传送；传统以太网缺乏有效的 QoS 保证、保护恢复机制、端到端 OAM 保障，不适合高质量业务的承载；MPLS 技术则包含了网络层（Layer 3）的协议和机制，处理机制和实现都较为复杂，处理时延较大且成本较高。另外，由于 SDH/MSTP、以太网交换机、路由器等多个网络分别承载不同业务并各自维护，也难以满足多业务统一承载和降低运营成本的发展需求。因此，随着网络 IP/数据业务不断增加，研究设计适合高带宽、高利用率、高可靠性和灵活调度的承载网技术是网络发展的必然选择。

分组传送网（Packet Transport Network，PTN）是基于分组、面向连接的多业务统一传送技术，不仅能较好承载电信级以太网业务，还可以支持 TDM 业务、ATM 业务和 IP 业务，满足了标准化业务、高可靠性、灵活扩展性、严格 QoS 和完善 OAM 5 个基本属性。PTN 基于分组的架构，继承了 SDH/MSTP 的分层设计理念，融合了以太网和 MPLS 的优点并删减了其中不必要的机制，具有面向连接、支持电信级 OAM、快速保护恢复等诸多优点；它在较好地承载电信级以太网业务的同时，兼顾传统 TDM 业务的传送。与其他技术相比，PTN 不仅继承了传统传送网面向连接的特性，还具备高效带宽管理能力。

（一）分组传送网的基本架构

PTN 主要分为虚通道（VC，即 PW）层、虚通路（VP，即 LSP）层和虚段（VS）层。

1. 虚通道层

PTN 的虚通道层网络可提供点到点、点到多点、根到多点和多点到多点的分组传送网络业务，这些业务通过 PTN VC 连接来提供，VC 连接承载单个客户业务实例。PTN VC 层网络提供了 OAM 功能来监视客户业务并触发 VC 子网连接（SNC）保护。

对采用 MPLS-TP 技术的 PTN，VC 层主要采用点到点或点到多点的伪线（PW）。

2. 虚通路层

PTN 的虚通路层网络是分组传送路径层，通过配置点到点和点到多点 PTN 虚通路（VP）来支持 PTN VC 层网络。其中点到点 PTN VC 是通过点到点 PTN VP 分组传送路径来支持的，在 PTN 网络的边缘起始和终结，这些点到点 VP 传送路径承载两个 PTN 节点之间的一个或多个 PTN VC 信号；而点到多点 PTN VC 是通过点到多点的 PTN VP 分组传送路径来支持的，在 PTN 网络的边缘起始和终结，这些点到多点 VP 传送路径承载两个以上 PTN 节点之间的一个或多个 PTN VC 信号。

对采用 MPLS-TP 技术的 PTN，VP 层采用点到点或点到多点的 LSP。

3. 虚段层

PTN 的虚段层网络提供监视物理媒介层的点到点连接能力，并通过提供点到点链路来支持 PTN VP 和 VC 层网络。这些点到点链路以及物理媒介层监视是通过点到点 PTN VS 路径来实现的，它一般与物理媒介层的连接具有相同的起始和终结点。这些链路在传送网络节点之间承载一个或多个 PTN VP 或 PTN VC 层信号。

PTN 网元是构建 PTN 网络的重要组成部分。一个 PTN 网元通常由传送平面、管理平面和控制平面共同构成，一般具备以下基本功能。

（1）PTN 网元的传送平面：实现对 UNI 接口的业务适配、面向连接的分组转发和分组交换、操作管理维护（OAM）报文的转发和处理、网络保护、业务的服务质量（QoS）处理、分组同步、NNI 接口的线路接口适配等功能。

（2）PTN 网元的管理平面：实现网元级和子网级的拓扑管理、配置管理、故障管理、性能管理和安全管理等功能，并提供必要的管理和辅助接口，支持北向接口。

（3）PTN 网元的控制平面功能：支持信令、路由和资源管理等功能，并提供必要的控制接口。

PTN 网元在传送平面的接口分为客户网络接口（UNI）和网络-网络接口（NNI）两类。UNI 接口用于连接 PTN 网元和客户设备；NNI 接口用于连接两个 PTN 网元，同时 NNI 因所在位置不同，又分为域内接口（I-DI）和域间接口（Ir-DI）。

PTN 网元的分类存在不同的依据。如果按照城域传送网的应用位置来分，PTN 网元可分为 PTN 核心层网元、汇聚层网元和接入层网元三类设备形态。如果按照 PTN 网元为客户提供分组传送业务时的网络位置来分，PTN 网元可分为 PTN 边缘节点（PE 节点）和 PTN 核心节点（P 节点）两大类。客户边缘设备是进出 PTN 的客户业务层功能的源宿节点，在 PTN 的两端成对出现。与客户边缘节点直接相连的 PTN 网元被称为 PE 节点，在 PTN 内部进行 VP 隧道转发的网元被称为 P 节点。PE 节点和 P 节点描述的是对客户业务、VC、VP 的逻辑处理功能，对任何一个给定的分组传送网业务，一个特定的 PTN 网元只能承担 PE 或 P 的一种功能，但对某一 PTN 网元所同时承载的多条分组传送网业务而言，该 PTN 网元可能既是 PE 节点又是 P 节点。

（二）分组传送网的主要特点

PTN 以分组业务为核心并支持多业务提供，同时继承光传输的传统优势，其主要特征体现在灵活的组网调度能力、多业务传送能力、全面的电信级安全性、便捷的 OAM 和网管、具备业务感知和端到端业务开通管理能力、完善多样的保护恢复能力、传送单位比特成本低等。主要技术特点如下。

（1）面向连接的多业务分组转发：采用面向连接的分组转发技术，基于分组交换内核。分组转发基于标签机制实现，支持多业务传送，并为多种业务提供差异化的服务质量（QoS）保障。PTN 支持双向点到点的分组传送路径及其流量工程控制能力，也可以支持单向点到多点的分组传送路径及其流量工程控制能力。

（2）可靠的网络保护机制：支持基于 OAM 和网管命令来触发分组传送路径的保护倒换，并可应用于 PTN 的各个网络分层和各种网络拓扑。传送平面的分组转发、保护倒换动作应独立于控制平面或管理平面；若控制或管理平面配置的分组传送路径失败，传送平面仍能正常执行分组转发、OAM 处理和保护倒换等功能。

（3）完善的分组 OAM 管理机制：具有完善的 PTN 网络内 OAM 故障管理和性能管理功能，支持对以太网、TDM 等业务的 OAM 故障管理和性能管理功能；支持通过管理平面对网络进行静态配置操作的能力，网管的静态配置应不依赖于任何控制平面元素（即不使用任何控制平面的协议），包括业务配置和对 OAM、保护等功能的控制。

（4）简化的数据转发操作：MPLS-TP 的分组转发、OAM 和保护处理不依赖于 IP 转发，因此数据处理效率较 IP 转发高。

（5）高精度的时间同步能力：支持同步以太网功能，实现稳定可靠的频率同步；支持 IEEE 1588-v2 功能，实现高精度的时间同步。

（三）分组传送网关键技术

PTN 主要面向多业务高质量的分组传送，其关键技术包括多业务承载技术、面向分组的保护技术、OAM 技术、QoS 技术和分组同步技术。

1. 多业务承载技术

PTN 的多业务承载技术是将分组交换和业务处理相分离，在外层线卡提供对不同业务的处理功能，在内层将与业务处理无关的业务交换功能集中于统一的通用交换板上。通用交换结构通过统一的传送平台简化网络，运营商可以根据不同业务需求灵活配置不同业务的容量，从而灵活承载 IP、ATM、TDM 等多种业务类型。

PTN 的多业务承载均采用面向连接 LSP 分组转发机制，基于 MPLS-TP 的 PTN 网络支持二层以太网业务、TDM 业务、ATM 业务和 IP 业务的接入和承载。

2. 面向分组的保护技术

PTN 对于业务的中断和恢复时间比传统数据网络的时间要求更为严格，通常情况下都要求达到 50 ms 的倒换时间要求。PTN 的保护分为网络内的保护、网络间的接入链路保护、双归保护三类，具体如下。

（1）网络内的保护：PTN 网络内的线性保护，保护对象是 LSP 和 PW；PTN 网络内的环网保护，保护对象是 PTN 的段层。

（2）网络间的保护：TDM 从 TM 接入链路的保护，以太网 GE/10GE 接入链路的保护。

（3）双归保护：PTN 网络内保护和接入链路保护相配合，实现在接入链路或 PTN 接入节点失效情况下的端到端业务保护。

对于以上保护技术，PTN 能够实现以下功能特性。

（1）PTN 的保护倒换应支持链路、节点故障和网管外部命令的触发，并应支持各种倒换请求的优先级处理，其中故障类型为支持物理链路、LSP 和 PW 信号失效和中间节点失效，支持信号劣化，外部命令为支持保护锁定、强制倒换、人工倒换和清除命令等网管命令。

（2）保护倒换方式：支持单向倒换和双向倒换类型，应支持配置为返回或不返回操作模式，默认配置为返回模式，支持等待恢复（WTR）功能的启动和 WTR 时间的设置。

（3）保护倒换时间：在链路总长度不大于 1 200 km，且拖延时间设置为 0 的情况下，PTN 网络内线性和环网保护倒换引起的业务受损时间应不大于

50 ms。

（4）拖延时间设置：在 PTN 的底层网络配置了保护方式的情况下，为避免 PTN 层网络和底层网络保护的冲突，PTN 网络保护方式应支持拖延（Hold-Off）时间的设置，可设置为 50 ms 或 100 ms。

3. OAM 技术

PTN 提供基于硬件处理的 OAM 功能，定义了丰富的 OAM 帧来完成故障管理、性能检测和保护倒换。PTN 借鉴了 SDH 的分层架构，通过设定传送通道、传送通路、传送段等不同层次的 OAM 机制，对 PTN 进行分层监控，实现快速故障检测和故障定位。同时结合接入链路 OAM 机制和业务层 OAM 机制，实现网络端到端的电信级管理维护。PTN 的 OAM 功能包括 PTN 内 OAM 机制、PTN 业务层 OAM 机制以及接入链路层的 OAM 机制等。

（1）PTN 内 OAM 机制：在 PTN 网络内的 OAM，主要支持 PW、LSP、段层二个分层的 OAM 机制。

（2）PTN 业务层 OAM 机制：PTN 网络支持所承载的各类业务的 OAM 机制，包括 TDM 业务的 OAM、以太网业务的 OAM、ATM 业务的 OAM 和 IP 业务的 OAM。

（3）PTN 接入链路 OAM 机制：包括以太网接入链路的 OAM 机制、SDH 接口的再生段和复用段层告警性能 OAM 机制以及 E1 告警和性能 OAM 机制三类。

PTN 内 OAM 分为告警相关的 OAM、性能相关的 OAM 和其他 OAM 三大类。

（1）告警相关的 OAM：连续性检测/连通性校验、告警指示信号、远端故障指示、环回检测、踪迹监视、锁定、客户信号故障指示、串联连接监视。

（2）性能测量相关的 OAM：丢包测量、时延测量、测试。

（3）其他 OAM：自动保护倒换、管理控制通道、信令控制通道、试验功能、运营商自定义功能。

PTN 的 OAM 主要遵循 IEEE 802.1ag/802.3ah、ITU G.8114/Y.1731/Y.1711

等规范。

4. QoS 技术

PTN 的 QoS 技术是指针对网络中各种业务应用的不同需求，为其提供不同的服务质量保证，如丢包率、延迟、抖动和带宽等，以实现同时承载数据、语音和视频业务的综合网络。由于 PTN 以承载分组业务为主，因此采用了大量的分组业务处理技术，并实现相应功能。

（1）流分类和流标记功能：流分类功能是按照一定规则，对业务流进行分类，流标记是对流分类后的报文设置 PTN 网络内的服务等级和优先级标记，以实现不同业务的 QoS 区分。

（2）流量监管功能：流量监管是流分类后采取的动作，对业务流进行速率限制，以实现对每个业务流的带宽控制。

（3）流量整形功能：经过队列调度后的报文通过漏桶机制完成流量整形功能，对各个优先级的流量进行限制，对超出流量约定的分组进行缓冲，并在合适的时候将缓冲的分组发送出去，从而起到流量整形的目的，使报文流能以均匀的速率发送；对每个业务流进行流量整形，有助于降低下游网元由于突发流量导致的业务丢包率。

（4）连接允许控制功能：对业务配置的 CIR、EIR 等带宽参数进行合法性检查，确保不同业务流配置的带宽参数不会超过出口带宽，或超过上一级通道的带宽配置，无法满足的业务带宽参数请求将被拒绝。

（5）拥塞管理功能：通过尾丢弃或加权随机早期探测（RED，Random Early Detection）丢弃，以缓解网络拥塞。

（6）队列调度功能：当报文到达网络设备接口的速度大于接口的发送能力时，采用队列调度机制来解决拥塞，实现对拥塞时的报文疏导。

5. 分组同步技术

PTN 时间同步是基于 IEEE 1588 精确时间协议，采用主从时钟，对时间进行编码传送，利用网络链路的对称性和时延测量技术实现同步功能。其中，

PTN 网络承载电路仿真业务（CES）时，需提供业务时钟的透明传送，保证发送端和接收端业务时钟具有相同的、长期的频率准确度。一般分组网络具有以下 4 种 CES 业务时钟恢复方式。

（1）网络同步法：全网处于同步运行状态，业务两端均使用可溯源到全国基准时钟（PRC）的网络时钟作为业务时钟。在这种时钟恢复方式下，业务时钟不透明。

（2）自适应法：基于分组包到达的间隔或缓存区的填充水平来恢复定时。这种方式能够保证业务时钟透明，对外部参考时钟没有要求。

（3）差分法：对业务时钟和参考时钟的偏差进行编码并在分组网络中进行传送，业务时钟在远端通过使用相同的参考时钟进行恢复；这种时钟恢复方式能够保证业务时钟透明，但要求收发端能获取公共的参考时钟。

（4）环回定时法：两端业务设备能够直接获取参考时钟，分组网络的TDM 侧均从业务码流获取时钟用于发送业务信号，无须分组网络恢复时钟，主要用于试验环境，实际网络应用较少。

三、频谱灵活光网络技术

经典 OTN 的光层交换中大多采用波长路由技术，波长路由技术基于传统 WDM 技术，即以波长通路为基本单位进行选路，实现端到端的全光连接。在带宽分配与性能管理上，波长路由光网络采用"一刀切"模式，即通道间隔、信号速率与格式等参数都是固定不变的，导致网络灵活性不高、带宽浪费严重、功耗效率低下。究其原因是缺少光层带宽调整、性能监测与调节、动态网络控制和管理的能力。为适应未来大容量、高速率的传送需要，必须从技术上寻求提高资源整体利用率的解决方案。

为了更好地利用频谱资源和更为有效地承载超波长带宽业务，针对WDM 缺乏带宽灵活性的问题，可以使用带宽可变（BV，Bandwidth-Variable）的光收发技术和带宽可变的光交叉技术等频谱灵活光网络技术，其核心是从固定栅格向灵活栅格技术转变。

在频谱灵活光网络中，频谱资源被进一步细化分割。现有的 WDM 网络架构中符合 ITU-T 标准的固定波长栅格被进一步细分为更窄小的频谱单元，这些窄小的频谱单元被称为频率隙（Frequency Slots，FSs）。与分组网络相比，频谱灵活全光交换是在可用频域上切分出最小粒度单元，并可根据业务需求分配一定数量的邻接频谱单元，从而实现根据用户需求和实际业务量大小动态有效地分配适合的频谱资源和配置相应的调制方式。

频谱灵活光网络架构包含两类节点，分别是由带宽可变的光收发机（BV-Transponder）组成的网络边缘节点和由带宽可变的交换单元（BV-OXC）组成的网络核心节点。其中，交叉节点由连续带宽可变的波长选择单元（BV-WSS）组成。通过该单元，可将不同路由上不重叠的任意带宽频率资源交换到任意指定输出光路上。同时，在网络边缘节点，带宽可变的光收发机可采用单载波调制方式（如 QAM、QPSK）或复杂多载波调制方式（如 O-OFDM）。例如，借助于 O-OFDM 调制技术，发射机可以通过调整 OFDM 子载波的个数来控制信号带宽。

第十章　电力应急通信系统常用技术

第一节　视频会议

一、视频会议技术

（一）视频会议系统概念

视频会议系统是集语音、图像和数据于一体的一种交互式的多媒体信息业务，是基于通信网络的一种增值业务，可以通过网络通信实时传输声音、图像和数据，为身处异地的人们提供了一个虚拟的会议室，满足一起开会的需要。

视频会议系统通过现有的各种通信传输媒体，将人物的静态/动态图像、语音、文字、图片等多种信息分送到各个用户的计算机上，使得在地理上分散的用户可以共聚一处，通过图形、声音等多种方式交流信息，增强双方对内容的理解能力，从而进行讨论和决策。

（二）视频会议技术发展历史

视频会议的普及和发展已经从模拟到数字，从一点到多点，从有线到无线，从功能单一到功能多样，先后经历了模拟时代、数字时代、标清时代、高清时代以及智真融合视讯时代。

1. 模拟电视会议阶段

在 20 世纪 70 年代开始有了模拟视频会议这种通信业务。那时传送的是黑白图像，并且会议被限制在两个位置之间。不仅如此，视频会议需要一个非常宽的频段，成本很高，所以这种视频会议尚未广泛应用。

在开启视频会议时，节点交换设备是必不可少的，它是视频会议网络的节点。三个或更多个会议电视终端必须使用一个或多个这样的节点交换设备，终端发出的视频、音频、控制信号等在节点交换设备中完成相应的变换。节点交换设备具有交换、视频交换和速率转换的功能。节点交换设备的数量决定视频会议的规模。

2. 专网数字视频会议阶段

数字视频会议是在开发了数字图像压缩技术后于 20 世纪 80 年代发展起来的，它占用的频带相对较窄，图像质量更好。从那时起，数字视频会议取代了模拟视频会议，在一些地区开始形成视频会议网络。1988—1992 年间的视频会议网络实践为国际电视会议统一标准（H.200 系列）的形成提供了条件。

视频会议的普及和发展受通信技术水平的影响。这一时期主要通过卫星、光纤等专网连接视频会议系统。其中，只要 ATM 网络增加 ATM 25M 接入交换机 V-Switch，同时增加 ISDN 电视会议网关设备 V-Gate，就可以实现基于 ATM 的会议电视系统和基于 ISDN 的会议电视系统互操作。这个方案具有良好的图像质量（达到 MPEGⅡ图像质量）、组网方便（并非所有视频会议终端线都连接到 MCU）、高可靠性等特点，但设备成本高，并且必须有 ATM 网络。

3. 基于 IP 网络视频会议

随着通信技术的发展，光纤接入越来越普及，高清视频成为可能。基于互联网的、基于硬件的视频会议和基于软件的视频会议已被广泛应用。特别是 H.323 协议的引入，使视频会议系统得到前所未有的发展。2008 年，KEDACOM 发布了第一款 1 080 P 高清视频会议系统，将视频会议系统引领到高清时代。

H.264 是一种高性能的视频编解码技术，它是由 ITU-T 和 ISO（国际标准化组织）两个组织联合制定的数字视频编码标准。H.264 是当今高清多媒体通信的基石，HD DVD（High Definition DVD）和蓝光 DVD 采用 H.264 的编码标准。H.264 是基于 MPEG-4 技术构建的，采用回归基本的简单设计，其更大的优点是高数据压缩比，并且在高压缩比下也具有高质量的流畅图像。

高清视频会议常用的网络通信协议包括 ITU-T 提出的 H.323 协议和 IETF 提出的 SIP 协议。H.323 是一种框架架构，遵循传统的电话信令模式。H.323 集中控制，方便计费，管理带宽相对简单有效。SIP 是会话层信令控制协议，用于创建、修改和释放一个或多个参与者的会话。SIP 消息是基于文本的，因此易于读取和调试。SIP 是一种分布式呼叫设计，便于会议控制，简化用户操作、群组邀请等，具有简洁、开放、兼容和可扩展的特性。

4. 多功能统一通信管理平台阶段

在多业务一体化时代，多媒体多功能统一通信管理平台综合了视频会议、视频监控、应急指挥调度、即时通信、视频点播、桌面应用、VoIP 电话、办公软件等一体化的应用，支持多协议转换兼容，支持移动网络和互联网融合，具有高容量网络、智能网络适应、高保真视频和音频、软硬结合、多业务集成、平台可开放接入第三方设备等特点。

二、视频会议系统应用模式

（一）点对点会议模式

点对点会议模式的特点如下：

（1）两方与会；

（2）不需要 MCU；

（3）主要用于两点之间交流的应用场景；

（4）对交互性有较高的要求。

（二）小容量多点会议模式

小容量多点会议模式的特点如下：

（1）三方至几十方与会；

（2）需要 MCU 作为交换的核心，采用星形组网方式；

（3）主要用于小范围沟通；

（4）对交互性有较高要求。

（三）大容量多点会议模式

大容量多点会议模式的特点如下：

（1）数十方甚至上千方与会；

（2）需多 MCU 级联；

（3）主要用于大型的政策宣讲、报告等形式的会议；

（4）一般要求配备会议管理人员；

（5）对可靠性有较高要求；

（6）对交互性要求不高。

三、视频会议系统组成及功能

一般情况下，视频会议系统由视频会议终端、多点控制器 MCU、传输网络、GK 等部分组成。

（一）视频会议终端

视频会议终端是视频会议系统的核心设备，与视频网络中的 MCU、网关（Gateway）和其他终端提供双向实时通信。终端内部包含视频编解码器、音频编解码器、延迟调节器、系统控制单元、H.225.0 承载层。

1. 视频编解码器

支持 H.261、H.263、H.264 等视频编解码协议，将视频源信号编码成视频码流用于系统处理，并将视频码流解码成视频信号用于显示设备呈现。

2. 音频编解码器

支持 G.711、G.722、G.723、G.728、G.729 等音频编解码协议，将音频信号编码成音频码流用于系统处理，并将音频码流解码成音频信号用于音频设备进行播放。

3. 延迟调节器

根据网络抖动情况将延时增加到媒体码流中，实现该媒体码流与其他媒体码流的时间同步。

4. 系统控制单元

按照 H.245、H.225.0 协议规定进行媒体能力协商、打开关闭逻辑通道、会议控制、呼叫控制、注册控制等系统控制。

5. H.225.0 承载层

对终端间的视频、音频、数据和控制码流进行规范定义，实现终端内外部的正常通信。

6. 网络接口

包括交换机、路由器等，用于连接至局域网或者广域网，实现视频终端与其他终端、MCU 和网关的通信。

（二）多点控制单元

多点控制单元（Multi-point Control Unit，MCU）也称多点会议控制器，

多点控制单元（MCU）用于控制多点会议。视频会议系统中 MCU 相当于一个媒体交换机。会议系统中，MCU 接收来自所有会场的音视频码流，经过处理后转发给每个会场，所谓处理就是"决策"让每个会场看到听到什么。

MCU 由两部分组成，必备的 MC 和可选的 MP。

1. MC（多点控制器）

提供了在一个多点会议中的控制功能，完成与视频会议终端之间控制信息的交互。

2. MP（多点处理器）

提供音视频处理、转发功能，完成视频会议体系中音视频和数据的相关处理。

（三）多点控制单元（MCU）功能

1. 呼叫

通过会控软件（如华为 SMC）预定会议，并向 MCU 发送入会会场列表，此列表为 MCU 的被叫号码，MCU 按照呼叫流程对各个终端进行呼叫，MCU 与终端建立连接，并打开连接通道，完成呼叫。

2. 会议控制

通过会控软件实现"召开/结束会议/延长会议、添加/删除会场、广播/观看/点名、静音/闭音"等功能。

3. 速率适配

发送端和接收端如果视频协议、格式和带宽均相同，则 MCU 会直接转发；三者有任一不同就需要 MCU 把发送端的图像格式转换成接收端的图像格式。

（四）传输网络

1. 传输网络的种类

传输网络的性能是制约视频会议效果最关键的因素之一，用于搭建视频会议系统的传输网络主要有以下几种。

（1）专线网络。专线网络是指利用传输设备专门为视频会议系统搭建的专线通道，该通道独占，传输稳定性高，网络延时小，电路非常可靠，而且网络安全性高。用户接入速率可依据视频会议系统规模及节点数量，设置为4 M、8 M，甚至上百兆。专线的网络费用高，但视频效果好。

（2）IP 网络。IP 网以多种传输媒介为基础，采用 TCP/IP 为通信协议，通过路由器组网，实现 IP 数据包的路由和交换传输。但基于包交换的 IP 网络遵循的是尽最大努力交付的原则，所以这种接入方式的视频会议效果相对于专线方式要差。

（3）基于卫星接入网络。对于地势环境复杂、地域偏远的高山、海上信号较弱的区域，卫星网络在中远距离的视频会议方面具有性能优势，它信号覆盖面广，安全性好，会场建设及搬迁灵活。但是其价格昂贵，除租用卫星信道费外，还有卫星地面站的建设费用，且时延大。

（4）基于互联网接入网络。对于有远程异地办公等需求的用户，可采用手机、PAD 等手持终端，通过专用视频会议软件 App，利用互联网通道召开视频会议。该方式部署灵活、使用方便，但受互联网带宽及安全等因素制约，稳定性、可靠性相对较差。目前主流的 App 软件有华为 WeLink、腾讯会议、钉钉、企业微信等。

2. 网守（GK）

网守（Gate Keeper，GK），相当于域名系统（Domain Name System，DNS）的作用，就是所有视频会议终端都向 GK 注册登记，将自己的名称和 IP 地址告知 GK，GK 保证终端名称和 IP 地址一一对应，没有重复。GK 的用途就是在视频会议时使用名称进行呼叫，而不是 IP 地址。GK 主要功能如下：

（1）地址翻译。根据节点注册时的数据表，将名称或号码转换成 IP 地址。

（2）呼叫控制。根据用户权限、网络带宽等条件，判断是否允许节点发起呼叫。

（3）带宽控制。允许/拒绝节点发起带宽分配请求。

（4）区域管理。GK 同其管理下的节点组成一个区域（Zone），根据前缀管理该区域节点。

四、视频会议系统关键技术

（一）多媒体信息处理技术

多媒体信息处理技术主要是针对各种媒体信息进行压缩和处理。视频会议的发展过程也反映出信息处理技术特别是视频压缩技术的发展历程。目前，新的理论、算法不断推动多媒体信息处理技术的发展，进而推动着视频会议技术的发展。特别是在网络带宽不富裕的条件下，多媒体信息压缩技术已成为视频会议最关键的问题之一。与基于 PC 机的 CPU 技术、基于专用芯片组技术相比较，媒体处理器因为具有特有的数字音视频输入输出接口、多媒体协处理器等，使得应用变得更加简单，而且设备厂家可以根据市场变化随时进行软件应用的调整，及时适应市场需求，而不会受制于专用芯片组本身的技术限制。媒体处理器支持的嵌入式操作系统以及软件优化，使视频会议系统更加高效、稳定、可靠。媒体处理器技术事实上已经成为视频会议的核心芯片技术，目前已应用于可视手机等终端产品。

（二）宽带网络技术

正在迅速发展的 IP 网络，由于它是面向非连接的网络，因而对实时传输的多媒体信息而言是不适合的，但 TCP/IP 协议对多媒体数据的传输并没有根本性的限制。目前标准化组织、产业联盟、世界各大主要公司都在对 IP 网络上的传输协议进行改进，并已取得初步成效，如 RTP/RTCP、RSVP、IPv6 等协议，为在 IP 网络上大力发展诸如视频会议之类的多媒体业务打下了良好的基础。

Internet 的网络规模和用户数量迅猛发展，如何进一步扩展网上运行的业务种类并提高网络的服务质量是目前人们最关心的问题。由于 IP 协议是无连接协议，Internet 网络中没有服务质量的概念，不能保证有足够的吞吐量和符合要求的传送时延，只是尽最大努力来满足用户的需要，所以如果不采取新的方法改善目前的网络环境，就无法大规模发展新业务。

（三）分布式处理技术

视频会议可实现点对点、一点对多点、多点之间的实时同步交互通信。视频会议系统要求不同媒体、不同位置的终端的收发同步协调，通过多点控制单元（MCU）有效地统一控制，使与会终端数据共享，有效协调各种媒体的同步传输，使系统更具有人性化的信息交流和处理方式。通信、合作、协调正是分布式处理的要求，也是交互式多媒体协同工作系统（CSCW）的基本内涵。因此从这个意义上说，视频会议系统是 CSCW（计算机支持协同工作，是指在计算机支持的环境中，一个群体协同工作完成一项共同的任务）主要的群件系统之一。

随着多媒体技术的广泛应用，采用 DSP（Digital Signal Processing）芯片设计多媒体设备，成为人们关注的方向。但是，对于可编程的媒体处理器的需求也很高。因为多媒体信号处理技术处于一个高速发展的阶段，各种国际标准共存，新标准不断涌现。例如，仅视频压缩编码，就有多种国际标准，如 H.261、H.263、MPEG1、MPEG2、MPEG4 和新的 H.264 等。在一个网络上传输的可能是多种不同标准的码流，而且对于一个设备而言，也要不断更新视频编码技术。

第二节　VSAT 卫星通信技术

一、卫星通信基本概念

（一）卫星通信技术的定义和组成

卫星通信技术（Satellite Co mmunication Technology）是一种利用人造地球卫星作为中继站来转发无线电波而进行的两个或多个地球站之间的通信。

卫星通信系统是由通信卫星和经该卫星连通的地球站两部分组成。

（二）卫星通信的特点

卫星通信是现代通信技术的重要成果，它是在地面微波通信和空间技术的基础上发展起来的。自 20 世纪 90 年代以来，卫星移动通信的迅猛发展推动了天线技术的进步。卫星通信具有覆盖范围广、通信容量大、传输质量好、组网方便迅速、便于实现全球无缝连接等众多优点，被认为是建立全球个人通信必不可少的一种重要手段。与电缆通信、微波中继通信、光纤通信、移动通信等通信方式相比，卫星通信具有下列特点。

（1）电波覆盖面积大，通信距离远，可实现多址通信。在卫星波束覆盖区内 1 跳的通信距离最远为 18 000 km。覆盖区内的用户都可通过通信卫星实现多址连接，进行即时通信。

（2）传输频带宽，通信容量大。卫星通信一般使用 1～10 GHz 的微波波段，有很宽的频率范围，可在两点间提供几百、几千甚至上万条话路，提供每秒几十兆比特甚至每秒一百多兆比特的中高速数据通道，还可传输好几路电视。

（3）通信稳定性好、质量高。卫星链路大部分是在大气层以上的宇宙空间，属恒参信道，传输损耗小，电波传播稳定，不受通信两点间的各种自然环境和人为因素的影响，即便是在发生磁爆或核爆的情况下，也能维持正常通信。

（三）卫星通信的缺点

卫星传输的主要缺点是传输时延大。在打卫星电话时不能立刻听到对方回话，需要间隔一段时间才能听到。其主要原因是无线电波虽在自由空间的传播速度等于光速（300 000 km/s），但当它从地球站发往同步卫星，又从同步卫星发回接收地球站，这"一上一下"就需要走 80 000 km。打电话时，一问一答无线电波就要往返近 160 000 km，需传输约 0.6 s 的时间。也就是说，在发话人说完约 0.6 s 以后才能听到对方的回音，这种现象称为延迟效应。由于延迟效应的存在，使得打卫星电话往往不像打地面长途电话那样自如方便。

（四）卫星通信发展的趋势

（1）充分利用卫星轨道和频率资源，开辟新的工作频段，各种数字业务综合传输，发展移动卫星通信系统。

（2）卫星星体向多功能、大容量发展，卫星通信地球站日益小型化，卫星通信系统的保密性能和抗毁能力进一步提高。

（3）卫星通信是军事通信的重要组成部分，一些发达国家和军事集团利用卫星通信系统完成的信息传递，约占其军事通信总量的 80%。

二、VSAT卫星通信技术

（一）甚小口径卫星终端站（Very Small Aperture Terminal，VSAT）的优势

利用甚小口径卫星终端站系统进行通信具有灵活性强、可靠性高、使用方便及小站可直接装在用户端等特点，利用 VSAT 用户数据终端可直接和计

算机联网，完成数据传递、文件交换、图像传输等通信任务，从而摆脱了远距离通信对地面中继站的依赖，是专用远距离通信系统的一种很好的选择。

（二）VSAT 结构组成

VSAT 卫星通信系统由空间和地面两部分组成。VSAT 网络主要由卫星（目前运行的 VSAT 系统的卫星主要是静止卫星）、主站（配置有网络控制系统及地面通信设备）、用户 VSAT 端站组成。典型的网络形态有星状网与网状网。

1. 星状网

星状网是指以 VSAT 网络主站为网络中心，各 VSAT 端站与主站之间构成通信链路，各 VSAT 端站之间不构成直接的通信链路。VSAT 端站之间进行通信时需要通过 VSAT 主站转发来实现。这类功能均由 VSAT 主站的网络控制系统参与来完成。

2. 网状网

网状网是指各 VSAT 端站之间相互构成直接的通信链路，不通过 VSAT 主站转发。VSAT 主站只起到对全 VSAT 网络的控制、管理及 VSAT 主站和端站之间通信的作用。

（三）VSAT 的接入方式（多址方式）

接入方式是决定 VSAT 性能的关键要素之一，同时也决定着系统的工作量和总延时。早期 VSAT 无例外地采用了频分多址（FDMA）、时分多址（TDMA）、码分多址（CDMA）和空分多址（SDMA）等多址方式。随着技术的进步，分组数据传输的大规模兴起，VSAT 系统又增添了不少新型多址连接方式，例如随机多址连接（RA）和按需分配的多址方式（DAMA）等。当然，在 VSAT 系统中，不同的网络拓扑结构，不同的传输链路，其接入方式也是不同的。常用的五种 VSAT 的接入方式如下。

1. TDM/FDMA（时分复用/频分多址）方式

这种方式通常用于星形网络中心站的出站链路，采用连续的 TDM 载波，典型的信息速率为 57.6 kbit/s、153.6 kbit/s、256 kbit/s 和 512 kbit/s。在一个 VSAT 网络中，如果不能满足业务量要求，则可增加多个 TDM 出站载波，即 TDM/FDMA 载波，每个 TDM 载波对应一群 VSAT 站。

2. SCPC/FDMA 方式

这种方式通常用于各远程 VSAT 站向中心站发送数据的入站链路，每个 VSAT 站占用一个载波，这种方式典型的信息速率为 1.2 kbit/s、2.4 kbit/s、4.8 kbit/s、9.6 kbit/s。其优点是线路延时小、线路专用，缺点是线路利用率低、灵活性差。它适用于业务量固定且平稳的 VSAT 网。

3. TDMA 时分多址方式

传统的 TDMA 方式是根据网络内站数的多少，给每个站划分一个固定时隙，而在 VSAT 网络中，它与传统的 TDMA 方式有很大差异，比较典型的包括 S-ALOHA（时隙-ALOHA）方式、R-ALOHA（预约-ALOHA）方式、Stream（数据流）方式、AA-TDMA（自适应-时隙分配）方式。

4. CDMA（码分多址）方式

这种方式根据需要采用适当位数的扩频编码，不同的 VSAT 站采用不同的地址码。当中心站与若干个（如 N 个）VSAT 站通信时，将所要传输的 N 个信号用指定的 N 种不同的伪随机码进行扩频调制，同时使用同一种出站载波频率传给 N 个 VSAT 站，只要各个 VSAT 站的接收机使用各自规定的伪随机码来解调，它们便可分别接收到相应的原始信号。这种通信方式具有抗窄带干扰能力及保密通信的能力。

5. DAMA（按需分配多址）方式

在路由较少的环境中，采用 SCPC、传统的 FDMA 这样的固定分配方式是对空间段资源的浪费，为提高效率，可以使用 DAMA 技术。这可以在呼叫的基础上建立卫星链路，大量的 VSAT 站按需享用卫星容量，以较好利用空间段资源。当 DAMA 技术用于 FDMA 网络时就被称为 DA/FDMA 方式；用于 TDMA 网络中时就被称为 DA/TDMA 方式，或称为 SCPC/DAMA 方式。

三、电力应急卫星通信技术体制

电力应急卫星通信系统采用的是 SCPC/DAMA 技术体制。

（一）SCPC/DAMA 技术体制主要优点

（1）传输容量大，可根据需要设置本站需要的带宽。

（2）不需要全网的严格同步，系统运行可靠性高。

（3）网内各站发射功率、速率可以不一致，天线和功放可按业务量需要灵活配置，业务扩容容易。

（4）SCPC Modem 具有更多的信道纠错编码方式、调制方式和 FEC 率可供选择，传输效率高。

（5）带宽利用率高、时延小，非常适合语音、视频等实时业务或对时延比较敏感的业务。

（6）可靠性高，一个站出问题仅影响与其通信的站，其他站的业务不受影响。

（二）SCPC/DAMA 技术体制主要缺点

（1）在接收多路载波时需要单独配置多路解调设备。

（2）需要在网管系统中增加带宽碎片的管理功能。

（3）各信道独立占用带宽，频谱难以共享使用，在低速率、突发业务应用时，存在带宽浪费现象。

第三节　集群通信技术

一、集群通信技术概念

（一）集群通信定义

集群通信（Trunking Communication，TC）是一种专用的无线移动通信技术，以指挥调度业务为主，具有快速呼叫、群呼组呼、强插强拆、优先呼叫、脱网直通等特点。为满足多个应急处置部门间高效联动、重要用户优先呼叫等应急通信指挥需求，集群通信是现场进行无线指挥调度和应急联动的有效手段。与普通的移动通信不同，集群通信最大的特点是话音通信采用PTT（Push To Talk）按键，以一按即通的方式接续，被叫无须摘机即可接听，且接续速度较快，并能支持群组呼叫等功能。

（二）集群通信应用优势

随着通信技术的发展，数字集群通信技术得到越来越多的应用，通过提高频谱利用效率，实现更丰富、更实用且多样化的功能，更有助于向 IP 化转移，从而像固定、移动 IP 化的公网一样，有利于发展多种增值业务，促进公网和专网协同、和谐地发展。

（三）数字集群技术服务对象

数字集群技术主要的服务对象分为两大类：一类是对指挥调度功能要求较高的特殊用户，包括政府部门（如军队、公安部门、国家安全部门和应急事件服务部门）、铁道部门、水利部门、电力部门、民航部门等；另一类是普通的行业用户，如出租行业、物流部门、物业管理部门和工厂制造企业等。

二、集群技术的组成及功能

集群通信系统主要由集中控制系统、调度台、基站、移动台以及与公众电话网相连接的若干条中继线组成。集群通信利用集中控制方式，使多个用户动态共用有限的无线信道资源，支持重要用户强插或强拆正在进行的通话，提高通信容量和无线信道利用率。

（一）集中控制系统

集中控制系统是集群通信系统的核心，主要用于鉴权、控制和交换。无论是移动台呼叫调度台，还是调度台呼叫移动台，或移动台呼叫公众电话网用户，都必须在集中控制系统中进行交换，并根据业务需要动态分配无线信道。

（二）调度台

调度台对移动台进行指挥、调度和管理，包括有线调度台和无线调度台两种。

（三）基站

根据用户对集群通信的业务需求，基站包括多区和单区两种组网模式，二者的基本功能相同。多区组网采用多个基站，通信容量大，覆盖范围大，设备组成复杂。单区组网采用单个基站，通信容量小，覆盖范围小，设备组成简单。

（四）移动台

移动台是用于在移动或者固定状态下进行通信的用户终端，包括车载台、便携台、手持机等。

第四节　短波通信技术

一、短波通信技术概念

短波通信利用天波或者地波传播无线电信号，具有发射功率小、传输距离远、组网快速灵活、抗毁能力强等特点。短波通信是在极端情况下用于应急通信指挥的必备手段。

短波频率工作在 3～30 MHz 之间，它主要利用电离层反射传播，即发射电波要经电离层的反射才能到达接收设备，通信距离较远，是远程通信的主要手段。

短波是唯一不受基础设施和有源中继站制约的远程通信手段，特别是在发生严重自然灾害时，各种通信网络都会受到破坏，甚至卫星也会受到限制，此时短波通信技术的抗毁能力和自主通信能力具有巨大的优势。特别是在山区、戈壁、海洋等地区，超短波覆盖不到，在卫星资源受限的情况下，更是要依靠短波来实现通信。

二、短波通信系统的原理、组成与特点

（一）短波通信的原理

短波通信利用天波反射实现远距离通信。

天波反射是信号由天线发出后射向电离层，经电离层反射回地面，又由地面反射回电离层，可以反射多次，不受地面障碍物阻挡，因而传播距离很远（几百至上万千米）。

短波利用地波实现短距离通信。当地面障碍物与地波的波长相当时，容易阻挡无线电传播，导致短波最多只能沿地面传播几十千米。

（二）短波通信系统的组成

短波通信系统由发信机、发信天线、收信机、收信天线和各种终端设备组成。发信机前级和收信机现已全固态化、小型化。发信天线多采用宽带的同相水平、菱形或对数周期天线，收信天线还可使用鱼骨形和可调的环形天线阵。终端设备的主要作用是使收发支路的四线系统与常用的二线系统衔接时，增加回声损耗，防止振鸣，并提供压扩功能。

（三）短波通信的特点

频段窄、多径传播、信道差、通信质量不高是短波通信固有的不足，这导致短波通信技术的应用不广泛，仅局限于军事通信应用。但是，短波通信的自主性比卫星通信更强，而且经济实用。特别是随着第三代短波通信网的组建，采用了一些短波通信新技术，如异步/同步组网技术、软件无线电技术等，使短波通信的应用提高到了一个新的水平。短波通信具有以下特点：

（1）灵活机动。不需要建立中继站即可实现远距离通信；

（2）设备简单。体积小，支持车载、舰载、机载或背负移动通信；

（3）组网快捷。只需预先设置相同频率，便可实现通信；

（4）支持自适应跳频以躲避恶意干扰和窃听；

（5）传输介质电离层不易遭受破坏，抗毁能力强。

第五节　无线自组网技术

一、无线自组网技术的作用和特点

（一）无线自组网技术的作用

无线自组网技术是一种不依赖基础设施，结合无线通信技术和自组织网络技术，具有多跳中继通信、拓扑动态性、环境适应性等特点的通信技术。无线自组织网络是一种移动通信网络，用于满足数据、语音、图像、视频等业务的通信要求。

为满足现场的区域局部快速移动通信、无人值守信息采集等特殊的应急通信指挥需求，无线自组织网络对于临时快速部署现场应急通信指挥系统具有重要作用。

（二）无线自组网技术的组成

无线自组网通常是由一组带有无线收发装置的可移动节点组成的无中心网络。与有基础设施的网络相比，无线自组网能够不依赖线缆、基站、微波中继站等基础设施，网络中的每个节点既作为路由器又作为用户终端，通过单跳直达或者多跳中继的方式进行无线通信。

（1）在基础设施无线网状网的网络结构中，路由器节点的位置相对固定，部分用于连接骨干网络，部分负责用户终端节点的无线接入和多跳中继通信，在路由器节点和用户终端节点之间形成宽带无线闭合回路。用户终端节点通过具有网关功能的路由器节点，可以与其他网络互连。

（2）在用户终端无线网状网的网络结构中，用户终端节点之间以对等的方式进行点对点通信，每个节点既作为路由器又作为用户终端，通过单跳直达或者多跳中继的方式进行通信。可见，用户终端无线网状网的网络结构与无线自组网的平面结构基本一致。

（三）无线自组网技术特点

在无线自组网技术特性的基础上，无线网状网主要具有以下特点。

1. 节点多样性

无线网状网的节点包括路由器、台式机等固定节点以及笔记本电脑、手持机等移动节点。

2. 连接扩展性

无线网状网可以连接互联网，也可以连接其他网络。

3. 网络兼容性

无线网状网是一种组网技术，并不限于某种无线通信技术。无线网状网通常采用 IEEE802.11、IEEE802.16、超宽带（Ultra Wide Band，UWB）、LTE 等技术，采用不同技术组成的无线网状网之间存在兼容性问题。

二、无线自组网分类

（1）从网络的应用场景可分为车载自组网（VANET）、移动自组网（MANET）、军用自组网、应急自组网、无人机自组网（FANET）等。

（2）从节点的地位来分，无线自组网可以分为平面结构和分级结构。

（3）根据使用频率的不同，分级结构网络又可以分为单频分级和多频分级两种。

三、无线自组网关键技术

（一）Ad Hoc

Ad Hoc 源自拉丁语，意思是"for this"，引申为"for this purpose only"，即"为某种目的设置的，特别的"意思，也就是说 Ad Hoc 网络是一种有特殊用途的网络。IEEE802.11 标准委员会采用了"Ad Hoc 网络"一词来描述这种特殊的自组织对等式多跳移动通信网络。Ad Hoc 结构是一种省去了无线中介设备 AP 而搭建起来的对等网络结构，只要安装了无线网卡，计算机彼此之间即可实现无线互联。其原理是网络中的一台计算机主机建立点到点连接，相当于虚拟 AP，而其他计算机就可以直接通过这个点对点连接进行网络互联与共享。

Ad Hoc 网络是一种特殊的无线移动网络。网络中所有结点的地位平等，无须设置任何中心控制结点。网络中的结点不仅具有普通移动终端所需的功能，而且具有报文转发能力。与普通的移动网络和固定网络相比，它具有以下特点：

1. 无中心

Ad Hoc 网络没有严格的控制中心。所有结点的地位平等，是一个对等式网络。结点可以随时加入和离开网络。任何结点的故障不会影响整个网络的运行，具有很强的抗毁性。

2. 自组织

网络的布设或展开无需依赖于任何预设的网络设施。结点通过分层协议和分布式算法协调各自的行为，结点开机后就可以快速、自动地组成一个独立的网络。

3. 多跳路由

当结点要与其覆盖范围之外的结点进行通信时，需要中间结点的多跳转发。与固定网络的多跳不同，Ad Hoc 网络中的多跳路由是由普通的网络结点完成的，而不是由专用的路由设备（如路由器）完成的。

4. 动态拓扑

Ad Hoc 网络是一个动态的网络。网络结点可以随处移动，也可以随时开机和关机，这些都会使网络的拓扑结构随时发生变化。这些特点使得 Ad Hoc 网络在体系结构、网络组织、协议设计等方面都与普通的蜂窝移动通信网络和固定通信网络有着显著的区别。

Ad Hoc 网络的分层思维与传统 TCP/IP 网络一样，分为五层，关键技术研究主要集中在数据链路层和网络层。

（二）无线数据通信协议

1. ALOHA 协议

最早、最基本的无线数据通信协议，没有碰撞回避，没有信道访问控制机制。

2. CSMA（载波侦听多址访问）

该协议是对 ALOHA 协议的改进和提高，是一种信道访问控制协议，属于有碰撞回避。

3. CSMA/CA（载波侦听多址访问/碰撞避免）

旨在解决隐终端问题，属于 IEEE802.11Mac 协议。

4. BTMA（忙音多址访问）

协议进一步解决隐终端和显终端问题。

（三）信道资源划分

信道资源按照时域（TDMA）、频域（FDMA）或码域（CDMA）划分，划分出的子信道按照一定的策略/算法分配给网络节点。

1. TDMA（时分多址访问）

将时间划分为帧，帧根据网络状态划分为时隙，根据时隙分配方式的不同，可以分为固定/静态分配、动态分配和动静混合分配。

2. FDMA（频分多址）协议

以频域为划分界限，将无线信道带宽拆分成相等的、特定数目的子频段。每个子频段可以作为一个信道，通过设置保护带宽，可以减少甚至杜绝频段之间的互相干扰。

3. CDMA（码分多址）协议

通过给不同的节点设置相互正交的码来共享无线信道，因此允许网络中多个不同的节点同时发送数据而不会相互干扰。当多个节点发送的扩频序列正交时，在接收端通过解码可从混合信号中提取各个发送节点的信息。

（四）路由算法协议

1. 贪婪边界无状态路由协议 GPSR

贪婪周边无状态路由（Greedy Perimeter Stateless Routing，GPSR）是一种基于传统贪婪转发方案的路由协议。为了避免传统贪婪转发方案中通信空洞造成的路由寻径失败，以及由此产生的重复路由请求带来的额外开销，GPSR 利用传感节点对位置信息的可知性和节点处于静态的特点，在路由过程遭遇通信空洞而失效时根据网络原始拓扑，生成一个平面子图并沿子图中空洞的周界进行分组转发。同时 GPSR 算法还利用该机制来支持传感节点的移动性。GPSR 协议建立在传统贪婪转发算法之上，具有贪婪转发和周界转发两种分组转发方式。路由开始时采用贪婪转发方式进行分组转发，当贪婪方式失效时（即遇到通信空洞时）转入周界转发模式继续路由，当条件满足时恢复贪婪转发模式，如此反复直至分组到达目的地。

2. 距离矢量路由 AODV

其寻路的必要条件为两个节点间没有可达路由，而此时又有数据分组需要传输。AODV 路由中的各个节点无需包含从源节点到达目的节点的完整路径，只需知道下一跳即可，然后通过逐级转发的方式到达目的节点。

3. 动态源路由协议 DSR

网络中的所有状态是按需建立的。

4. 基于联合的路由协议 ABR

此协议为 Ad Hoc 自组织网络定义了一个新的度量矩阵，用于表示网络节点的联合稳定性程度，路由的选择策略基于网络节点的联合稳定性程度。ABR 协议的设计主要考虑到了移动自组织网络动态拓扑的特点，引进了能表征链接持久性和传输质量的相关性稳定度概念。ABR 的基本目标是为自组织网找出生命时间更长的路由，其核心就是联合稳定性程度，在 ABR 协议下，路由的选择基于节点的联合稳定性程度。ABR 通过向相邻节点间定期产生信标（Beacon）来表示自己的存在。当一个节点收到邻近节点发送过来的信标时，本节点就会对相关性表进行更新。每接收一个信标，节点就增加一个关于发送信标的节点的联合条目。

5. 最优链路状态路由 OLSR

维护本节点到网络中所有节点的路由，通过逐跳转发数据，即每个节点都与邻居节点交换链路信息以计算本机的路由。

6. 目的序列距离矢量路由协议 DSDV

网络中节点保存了所有可达目的节点的路由信息，分别记录了到达目的节点的下一跳、IP 地址、最新序列号和跳数。

7. 无线路由协议 WRP

网络中的每个节点都需要维护 4 个表信息，分别是路由表、距离表、消息重发表、链路费用表。

第六节　无人机应急通信技术

一、无人机

（一）无人机定义

无人驾驶飞机简称无人机，英文缩写为 UAV（Unmanned Aerial Vehicle/Drones），是利用无线电遥控设备和自备的程序控制装置操纵的不载人飞机，或者由机载计算机完全地或间歇地自主操作的不载人飞机。无人机实际上是无人驾驶飞行器的统称，与载人飞机相比，它具有体积小、造价低、使用方便等优点。而系留式无人机作为一种近两年发展起来的无人机分支，克服了普通多轴无人机留空时间短、载重量小、飞行不稳定的缺点，非常适合各种专业领域应用。

临近空间是指空与天的结合部，普遍将其定义为海拔 20～100 km 空域，该领域已成为世界大国战略博弈和角逐的新兴战略空间。临近空间超长航时无人机是支撑临近空间信息产业发展的重要基础设施之一。

（二）无人机的分类

1. 按技术角度分类

无人机可以分为无人固定翼飞机、无人垂直起降飞机、无人飞艇、无人直升机、无人多旋翼飞行器、无人伞翼机等。

2. 按飞行平台构型分类

无人机可分为固定翼无人机、旋翼无人机、无人飞艇、伞翼无人机、扑翼无人机等。

3. 按飞行平台构型分类

此条与上一条重复，可考虑删除，若保留此处内容无需修改。

4. 按尺度分类（民航法规）

无人机可分为微型无人机、轻型无人机、小型无人机以及大型无人机。微型无人机是指空机质量小于等于 7 kg 的无人机，轻型无人机是指空机质量大于 7 kg、但小于等于 116 kg 的无人机，且全马力平飞中，校正空速小于 100 km/h，升限小于 3 000 m。小型无人机是指空机质量小于等于 5 700 kg 的无人机，微型无人机和轻型无人机除外。大型无人机是指空机质量大于 5 700 kg 的无人机。

5. 按活动半径分类

无人机可分为超近程无人机、近程无人机、短程无人机、中程无人机、远程无人机。超近程无人机活动半径在 15 km 以内，近程无人机活动半径在 15～50 km 之间，短程无人机活动半径在 50～200 km 之间，中程无人机活动半径在 200～800 km 之间，远程无人机活动半径大于 800 km。

6. 按任务高度分类

无人机可以分为超低空无人机、低空无人机、中空无人机、高空无人机和超高空无人机。超低空无人机任务高度一般在 0～10 m 之间，低空无人机任务高度一般在 10～1 000 m 之间，中空无人机任务高度一般在 1 000～7 000 m 之间，高空无人机任务高度一般在 7 000～18 000 m 之间，超高空无人机任务高度一般大于 18 000 m。

（三）无人机使用领域

在无人机使用中，最典型、最常见的就是多旋翼无人机，其优点是可以垂直起降、空中悬停，结构简单，操作灵活，适用于各种场合。

目前无人机主要分为民用级和专业级两个领域。民用级无人机的代表为深圳市大疆创新科技有限公司出品的一系列无人机，如精灵系列、悟系列、御系列等航拍用无人机及农业应用的行业应用无人机。这些无人机因其面向民用，载荷都很小，自带蓄电池的设计保证了机体轻便的同时也使得飞行时间都在 25 min 左右，因此无法匹配高空基站的需求。

专业级无人机领域又分为旋转翼无人机、系留式无人机和固定翼无人机三种。三种无人机主要参数对比见表 10-1。

表 10-1　三种无人机主要参数对比

参数	旋转翼无人机	系留式无人机	固定翼无人机
飞行高度/m	>3 000	>100	>5 000
载荷重量/kg	50～100	10	>100
供电方式	220 V 交流/48 V 直流	220 V 交流	—
滞空时间/h	3～6	>8	>20

二、无人机关键技术

无人机关键技术可以归纳为以下几个方面。

（一）跟踪、测控、通信一体化信道综合技术

早期无人机数据链大都采用分立体制，遥控、遥测、视频传输和跟踪定位用各自独立的信道，设备复杂。为了简化设备或节省频谱，20 世纪 80 年代后，大量采用先进的统一载波综合体制，根据需要和可能来进行不同程度的信道综合，构成不同形式的无人机综合数据链。无人机数据链常用的信道综合体制是"三合一"和"四合一"综合信道体制。

所谓"三合一"综合信道体制是指跟踪定位、遥测和遥控的统一载波体制，即利用遥测信号进行跟踪测角，利用遥控与遥测进行测距，而使用另外单独下行信道进行视频信息传输。

所谓"四合一"综合信道体制是指跟踪定位、遥测、遥控和信息传输的统一载波体制，即视频信息传输与遥测共用一个信道，利用视频与遥测信号进行跟踪测角，利用遥控与遥测进行测距。视频与遥测共用信道的方式包括两种：一种是模拟视频信号与遥测数据副载波频分传输；另一种是数字视频数据与遥测复合数据传输。采用"四合一"综合信道体制，就要解决直接接收宽带调制信号的天线高精度自动跟踪问题。"四合一"综合信道体制的信道综合程度最高，在现代无人机数据链中得到广泛应用，但"三合一"综合信道体制将宽带与窄带信道分开，从某种角度来说具有一定的灵活性。

（二）无人机视频压缩编码技术

无人机任务传感器视频信息的传输是无人机测控系统的重要功能，也是决定无人机数据链规模的重要因素。图像信号是任务传感器视频信息的主要形式。将视频图像信号进行数字压缩编码有利于减小传输带宽，也有利于采用加密和抗干扰措施。要根据无人机的使用特点，研究存储开销低（适合机

载条件）、实时性强（时延小）、恢复图像质量好（失真小）的高倍视频数字压缩技术。

（三）测控与通信数据抗干扰传输技术

抗干扰能力是无人机测控系统性能的重要指标。无人机测控系统常用的抗干扰方法有抗干扰编码、直接序列扩频、跳频和扩跳结合。既要不断提高上行窄带遥控信道的抗干扰能力，也要逐步解决好下行宽带图像/遥测信道的抗干扰问题。此外，还要解决好低仰角条件下以及山区或城市恶劣环境条件下的抗多径干扰问题。

（四）超视距中继传输技术

当无人机超出地面测控站的无线电视距范围时，数据链必须采用中继方式。根据中继设备所处的空间位置，又分地面中继、空中中继和卫星中继等。地面中继方式的中继转发设备置于地面上，一般架设在地面测控站与无人机之间的制高点上。由于地面中继转发设备与地面测控站的高度差别有限，所以该中继方式主要用于克服地形阻挡，适用于近程无人机系统。空中中继方式的中继转发设备置于某种合适的航空器（空中中继平台）上。空中中继平台和任务无人机间采用定向天线，并通过数字引导或自跟踪方式确保天线波束彼此对准。这种中继方式的作用距离受中继航空器高度的限制，适用于中程无人机系统。卫星中继方式的中继转发设备是通信卫星（或数据中继卫星）上的转发器。无人机上要安装一定尺寸的跟踪天线，机载天线采用数字引导指向卫星，采用自跟踪方式实现对卫星的跟踪。这种中继方式可以实现远距离的中继测控，适用于大型的中程和远程无人机系统，其作用距离受卫星天线波束范围限制。

（五）一站多机数据链技术

一站多机数据链是指一个测控站（地面或空中）与多架无人机之间的数

据链。测控站一般采用时分多址方式向各无人机发送控制指令，采用频分、时分或码分多址方式区分来自不同无人机的遥测参数和任务传感器信息。如果作用距离较远，测控站需要采用增益较高的定向跟踪天线，在天线波束不能同时覆盖多架无人机时，则要采用多个天线或多波束天线。在不需要任务传感器信息传输时，测控站一般采用全向天线或宽波束天线。当多架无人机超出视距范围以外时，需要采用中继方式。根据中继方式不同，数据链又分为空中中继一站多机数据链和卫星中继一站多机数据链。

（六）多信道多点频收发设备的电磁兼容技术

无人机数据链有上行、下行信道，又要考虑多机多系统兼容工作和必要时的中继转发，再加上由于安装空间的限制，因此多信道多点频收发设备的电磁兼容问题十分突出。要根据这些特点，在频段选择和频道设计上周密考虑，并采取必要的滤波和隔离措施。

（七）无人机任务规划与监控技术

无人机地面控制站要完成复杂的任务规划和监控功能，要根据处理数据量大和要求实时性强的特点，解决好多任务数据处理、组合定位、综合显示和大容量记录等问题，做到显示清晰、操作方便、人机友好。

（八）机载设备的耐温、抗震、小型化结构设计技术

无人机机载设备小型化是无人机系统始终追求的目标。随着无人机测控系统性能的提高，设备小型化的要求越来越高。应根据无人机的使用特点，解决好机载设备耐温和抗震问题，不断研究机载设备小型化综合设计技术，使高性能的复杂设备的规模控制在允许范围内，使具有基本功能的设备能在微小型无人机上安装。

（九）地面设备的机动、便携结构设计和装车技术

为了发挥无人机系统使用机动灵活的优势，一般要求地面测控站能车载

机动，某些简单小型测控站还能便携使用。这就要求地面设备也尽量小型化，既要符合车载或便携设备的相关规范，又要根据无人机地面控制站和地面数据终端的设备特点，解决好设备的材料、结构和工艺问题，满足耐温、抗震、防雨和防盐雾等环境适应性要求，并便于操作、使用和维修。

三、旋翼式无人机

（一）旋翼机飞行的六种运动形式

旋翼式无人机可以垂直运动和前后运动，还能俯仰运动、偏航运动、侧向运动和滚转运动。

（二）旋翼无人机的构成

1. 动力系统

无人机的动力系统是无人机的发动机以及保证发动机正常工作所必需的系统和附件的总称。

无人机使用的动力装置主要有活塞式发动机、涡喷发动机、涡扇发动机、涡桨发动机、涡轴发动机、冲压发动机、火箭发动机、电动机等。目前主流的民用无人机所采用的动力系统通常为活塞式发动机和电动机两种。

2. 导航系统

导航系统向无人机提供相对于所选定的参考坐标系的位置、速度、飞行姿态，引导无人机沿指定航线安全、准时、准确地飞行。因此，导航系统对于无人机相当于领航员对于有人机。无人机导航系统的功能如下：

（1）获得必要的导航要素：高度、速度、姿态、航向；

（2）给出满足精度要求的定位信息：经度、纬度；

（3）引导飞机按规定计划飞行；

（4）接收控制站的导航模式控制指令并执行，且具有指令导航模式与预定航线飞行模式相互切换的功能；

（5）具有接收并融合无人机其他设备的辅助导航定位信息的能力；

（6）配合其他系统完成各种任务。

3. 飞控系统

无人机飞控系统是无人机完成起飞、空中飞行、执行任务、返场回收等整个飞行过程的核心系统，对无人机实现全权控制与管理，因此飞控系统对于无人机相当于驾驶员对于有人机，是无人机执行任务的关键。飞控系统的功能如下：

（1）无人机姿态稳定与控制；

（2）与导航系统协调完成航迹控制；

（3）无人机起飞（发射）与着陆（回收）控制；

（4）无人机飞行管理；

（5）无人机任务设备管理与控制；

（6）应急控制；

（7）信息收集与传递。

4. 任务设备

无人机根据任务不同，可以搭载不同设备进行工作。常用的无人机任务设备包括航拍相机、测绘激光雷达、气象设备、农药喷洒设备、激光测距仪器、红外相机、微光夜视仪、航空武器设备等。

5. 地面控制系统

无人机地面站也称控制站、遥控站或任务规划与控制站。在规模较大的无人机系统中，可以有若干个控制站，这些不同功能的控制站通过通信设备连接起来，构成无人机地面站系统。

6. 通信链路

无人机通信链路是主要用于无人机系统传输控制、无载荷通信、载荷通信的无线电链路。无人机常用通信频率为：① 1.2 GHz；② 2.4 GHz；③ 5.8 GHz；④ 72 MHz；⑤ 433 MHz；⑥ 900 MHz。

四、系留式无人机

系留无人机又称系留式无人机，为多旋翼无人机的一种特殊形式，使用通过系留线缆传输的地面电源作为动力来源，代替传统的锂电池，最主要的特点是具有长时间的滞空悬停能力。多旋翼无人机是一种具有三个及以上旋翼轴的特殊的无人驾驶直升机。其通过每个轴上的电动机转动，带动旋翼，从而产生升推力。旋翼的总距固定，而不像一般直升机那样可变。通过改变不同旋翼之间的相对转速，可以改变单轴推进力的大小，从而控制飞行器的运行轨迹。

无人机由于具备无须人为干预、可以快速部署等优点，被广泛应用到各行各业。但是，无人机的续航时间较短，这一缺点限制了无人机的大规模应用。大部分的无人机都采用机载可充电锂电池，续航时间很少有超过 1 h 的。但在某些领域，比如现场监控、现场指挥等领域，要求无人机能够长时间留空作业。因此，通过导线由地面电源供电的无人机，也就是系留无人机便应运而生。

系留无人机由地面高压直流稳压系统、放线器、同步绕线轮、系留电缆、空中稳压模块和备用电池组成，高压直流稳压系统和同步绕线轮安装在放线器上，系留电缆、空中稳压模块和备用电池连接。

系留无人机与 4G 或 5G 基站集成为应急通信高空基站，具有响应迅速、操作便捷的特点，在发生地震、洪水、泥石流等自然灾害时可发挥重要作用。

参考文献

[1] 单永欣. 城市轨道交通电工电子技术及应用［M］. 3 版. 北京：人民交通出版社，2024.

[2] 邓妹纯. 汽车电工电子技术基础与应用［M］. 沈阳：东北大学出版社，2021.

[3] 方志宁. 信息化技术在电力通信网络中的应用研究［M］. 长春：吉林大学出版社，2022.

[4] 广东省安全生产科学技术研究院. 应急通信实务［M］. 北京：应急管理出版社，2023.

[5] 国网浙江省电力有限公司. 电力通信系统建设与运维案例分析［M］. 北京：中国电力出版社，2023.

[6] 李莉，吴润泽. 面向能源互联网的电力通信网诊断技术与应用［M］. 北京：中国水利水电出版社，2022.

[7] 李亮. 电力系统通信研究［M］. 哈尔滨：哈尔滨工程大学出版社，2019.

[8] 李园海，薄文静，范汉青. 现代电工电子技术及应用实践［M］. 北京：中国对外翻译出版公司，2024.

[9] 廖宇峰. 电工电子技术［M］. 2 版. 北京：电子工业出版社，2024.

［10］刘革，张颉. 面向能源互联网的电力通信接入技术及其应用［M］. 北京：中国水利水电出版社，2022.

［11］刘国庆. 光传输技术及在电力通信网中的应用［M］. 沈阳：东北大学出版社，2018.

［12］路俊海. 电力数据通信技术与应用［M］. 北京：科学出版社，2017.

［13］马晓强. 应急通信［M］. 北京：北京邮电大学出版社，2016.

［14］孙玉. 应急通信技术总体框架讨论［M］. 北京：人民邮电出版社，2017.

［15］王洪，张锐丽. 现代电工电子技术与应用实践［M］. 长春：吉林科学技术出版社，2023.

［16］王继业. 电力信息通信技术与应用［M］. 北京：中国电力出版社，2021.

［17］王勤. 电工电子技术实践与应用教程［M］. 北京：高等教育出版社，2023.

［18］王如伟. 多介质融合电力信息通信网建设［M］. 北京：清华大学出版社，2017.

［19］徐婧劼，王星副. 电力通信运维检修实用技术［M］. 北京：中国水利水电出版社，2018.

［20］徐勇，吴元亮，徐光辉，等. 通信电子线路［M］. 北京：电子工业出版社，2017.

［21］易凡，季小峰，郭成军. 电工电子技术基础与应用［M］. 北京：航空工业出版社，2023.

［22］于洋，张朝新，张超. 现代电力系统与通信技术研究［M］. 北京：中国原子能出版社，2018.

［23］张洪润，金伟萍. 电工电子技术与忆阻器应用［M］. 北京：清华大学出版社，2022.

［24］张毅，段洁，武俊. 通信与计算机网络［M］. 北京：清华大学出版社，2024.

［25］张翼，支壮志，王妍玮. 电工电子技术及应用［M］. 北京：化学工业

出版社，2022.

[26] 郑婷一. 电工电子技术基础及应用实践 [M]. 西安：西安电子科技大学出版社，2023.

[27] 中国电机工程学会电力通信专业委员会. 电力通信技术研究及应用 [M]. 北京：人民邮电出版社，2019.

[28] 周玉甲，李振甲，傅艳玲. 电工电子技术及应用研究 [M]. 长春：吉林科学技术出版社，2022.